U0284896

# 跟着大厨
# 学炒青菜

杨桃美食编辑部 主编

江苏凤凰科学技术出版社

图书在版编目（CIP）数据

跟着大厨学炒青菜 / 杨桃美食编辑部主编 . — 南京：江苏凤凰科学技术出版社，2015.7（2019.4 重印）
（食在好吃系列）
ISBN 978-7-5537-4229-8

Ⅰ . ①跟… Ⅱ . ①杨… Ⅲ . ①蔬菜 – 菜谱 Ⅳ . ① TS972.123

中国版本图书馆 CIP 数据核字 (2015) 第 048855 号

跟着大厨学炒青菜

| | |
|---|---|
| 主　　编 | 杨桃美食编辑部 |
| 责任编辑 | 张远文　葛昀 |
| 责任监制 | 曹叶平　方晨 |
| 出版发行 | 江苏凤凰科学技术出版社 |
| 出版社地址 | 南京市湖南路 1 号 A 楼，邮编：210009 |
| 出版社网址 | http://www.pspress.cn |
| 印　　刷 | 天津旭丰源印刷有限公司 |
| 开　　本 | 718mm × 1000mm　1/16 |
| 印　　张 | 10 |
| 插　　页 | 4 |
| 版　　次 | 2015年7月第1版 |
| 印　　次 | 2019年4月第2次印刷 |
| 标准书号 | ISBN 978-7-5537-4229-8 |
| 定　　价 | 29.80元 |

图书如有印装质量问题，可随时向我社出版科调换。

# 目录
CONTENTS

# 挑选新鲜蔬菜的诀窍

市场上常见的蔬菜大致可以分为叶菜类、根茎类和花果类，每种蔬菜各有其选购的方式与保鲜的秘诀，了解这些小诀窍，就能将这些蔬菜烹饪得更美味。

## 叶菜类挑选及保鲜诀窍

挑选叶菜时要注意叶片要翠绿、有光泽，没有枯黄，茎的纤维不可太粗，可先折折看，如果折不断表示纤维太粗。通常叶菜类就算放在冰箱冷藏也没办法长期储存，叶片容易干枯或变烂。要让叶菜类蔬菜新鲜的秘诀就在于保持叶片水分不散失及避免腐烂，放入冰箱冷藏前，可用报纸包起来，根茎朝下直立放入冰箱冷藏可延长叶菜的新鲜度，记得千万别将根部先切除，也别事先水洗或密封在塑料袋中，以免加速腐烂。

## 根茎类挑选及保鲜诀窍

根茎类的蔬菜较耐放，因此市售的根茎类蔬菜外观通常不会太糟，挑选时注意表面无明显伤痕即可，可轻弹几下查看是否空心，因为根茎类通常是从内部开始腐烂。洋葱、萝卜、牛蒡、山药、红薯、芋头、莲藕等根茎类只要保持干燥，放置通风处通常可以存放很久，放进冰箱反而容易腐坏，尤其是土豆冷藏后会加快发芽。此外，土豆如果已经发芽千万别挑选。

## 花果类挑选及保鲜诀窍

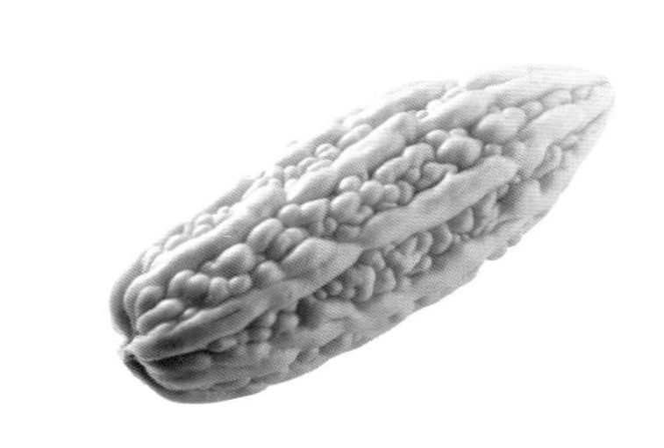

绿色的瓜果类蔬菜，挑选时尽量选瓜皮颜色深绿，按下去没有软化且拿起来有重量感的蔬菜比较新鲜。冬瓜通常是按块购买，尽量挑选表皮呈现亮丽的白绿色且没有损伤的；苦瓜表面的颗粒愈大愈饱满，就表示瓜肉愈厚，外形要呈现漂亮的亮白色或翠绿色，若出现黄化，就表示果肉已经过熟不够清脆了。瓜果类可以先切去蒂头延缓老化，拭干至表面没有水分后，用报纸包裹，再放入冰箱冷藏，避免水分流失；而已经切片的冬瓜，则必须用保鲜膜包好再放入冰箱，这样可以使新鲜度保持更久。挑选豆荚类蔬菜时，若是含豆荚的豆类，如四季豆、菜豆等等，要选豆荚颜色翠绿或是不枯黄的，且有脆度的最好；而单买豆仁类的豆类蔬菜时，则要选择形状完整，大小均匀且没有暗沉光泽的。豆荚类容易干枯，所以尽可能密封好放入冰箱冷藏；而豆仁放置通风阴凉的地方保持干燥即可存放，亦可放冰箱冷藏，但同样需保持干燥。

# 炒蔬菜好吃的秘密

## Q1 怎么炒蔬菜才会像饭店一样清脆不会软烂?

A：在家炒菜与饭店的差别就在于炉具，饭店使用的炉具，火力强大，蔬菜丢入锅中拌炒几下就熟，因为时间短，所以蔬菜能保持清脆不软烂。而家中炉具火力不够强，因此尽量以最强的火力来炒蔬菜，而梗多的蔬菜，像是空心菜、上海青可以先将菜梗入锅炒熟，最后再放入菜叶的部分，能避免将菜叶炒得过烂。此外不盖锅盖焖煮，也能避免叶菜类变得糊烂，而耐久煮的根茎类蔬菜则可视口感需要，决定要不要盖上锅盖。

## Q2 有苦涩味的蔬菜怎么炒才会好吃?

A：许多蔬菜都带有苦涩的味道，让许多人避而远之，其实只要在烹饪时稍加处理，就能改善蔬菜苦涩的味道。以叶菜类来说，可以放入加了少许油的沸水中稍微焯烫一下就可以减少苦涩，而调味时可以加入少许糖或带有甜味的调料，也能让苦味减少，勾少许的薄芡也能让涩口的口感消失。此外苦瓜的苦来自苦瓜籽与内部的白膜，只要这两样东西去除，再稍微汆烫，就可以减少大部分的苦味。

## Q3 蔬菜炒好上桌后就变黄变黑怎么办?

A：刚炒好的蔬菜新鲜翠绿，看起来就非常可口，但是上桌后没一会儿就变黄变黑，看起来就一点都没有食欲。这是因为有些蔬菜比较容易氧化，因此隔绝蔬菜与空气直接接触就可以减缓蔬菜的氧化。像是茄子刚切好马上就会变黑，就可以先泡入盐水中，而烹饪时也可以过油，利用油脂包裹蔬菜保持颜色漂亮不变黑，而叶菜则可利用加了油的沸水稍微焯烫。

## Q4 怎么让蔬菜炒得更香更鲜嫩?

A：因为蔬菜味道通常比较清淡，因此要炒得好吃就必须靠调味，不过如果调料下得太重，也会破坏蔬菜的鲜味，不妨利用爆香料来增进蔬菜的风味，而且爆香的风味也比浓郁的调料自然。此外许多蔬菜都有老梗粗丝，花点时间先去除这些部位，你的蔬菜就会炒得比别人好吃了。

* 书中涉及到的计量标准：

1大匙≈15克
1小匙≈5克

# PART 1

# 圆白菜 Cabbage

圆白菜有绿色和紫色两种。其口感清脆甘甜、热量低，吃法简单又变化多，可以热炒、凉拌、晒干、腌渍、清蒸、炖煮，现在一年四季都容易买得到，可以说是市场中热卖的蔬菜，一般人接受度也很高。选择圆白菜时要选择饱满紧实，且外观看起来完整的。市场里有时候也会卖半棵或1/4棵，这时候要观察切面是否新鲜，如果有点干枯或是发黑，可能就是切开放置太久不新鲜了。而圆白菜买来后不要把最外层的老叶摘除，因为摘除后容易让里面的菜叶失去水分而变得不清脆，等到要吃的时候再将最外层的老叶片摘除，切割好需要的分量后没用完的部分，保持干燥，用保鲜膜包起，放入冰箱冷藏即可。

# 宫保圆白菜

**材料**

圆白菜 300克
干辣椒 10克
蒜末 10克
蒜味花生 适量

**调料**

盐 少许
鸡精 少许
花椒粒 5克

**做法**

1. 将圆白菜洗净切片备用。
2. 热锅，倒入适量的油，放入干辣椒、花椒粒、蒜末爆香。
3. 加入洗净切好的圆白菜片拌炒均匀，再加入蒜味花生及所有调料炒匀即可。

**烹饪小秘方**

宫保圆白菜要炒出香辣的味道，不只加入干辣椒就够，增味添香的关键就是花椒粒。利用高温将花椒爆香后，锅中的油就会带有独特的又香又麻的风味，搭配上干辣椒的辣才能突显这道菜的滋味。吃到花椒粒可是会让舌头又苦又麻，不喜欢这味道的人可以在爆香后将花椒粒捞除。

# 回锅肉炒圆白菜

**材料**

熟五花肉 100克
圆白菜 300克
青蒜段 40克
辣椒片 15克

**调料**

辣豆瓣酱 2大匙
料酒 1大匙
酱油 少许
糖 少许
盐 适量

**做法**

1. 熟五花肉切片；圆白菜洗净切片，备用。
2. 圆白菜放入沸水中汆烫至微软，取出沥干水分备用。
3. 热锅，倒入适量的油，放入青蒜段、辣椒片爆香，再放入五花肉片炒至油亮。
4. 加入辣豆瓣酱炒香，再加入烫好的圆白菜炒匀，最后加入盐、料酒、酱油、糖炒匀即可。

**烹饪小秘方**

因为五花肉已经是熟的，如果拌炒太久，口感会变差，因此圆白菜先汆烫至微软后，再加入炒锅中可以缩短拌炒的时间。如果不先汆烫圆白菜，则五花肉炒油亮后，要先取出，待圆白菜炒软后再回锅炒即可。

# 豆酥圆白菜

**材料**

| | |
|---|---|
| 豆酥 | 2大匙 |
| 圆白菜 | 300克 |
| 辣椒末 | 10克 |
| 葱末 | 10克 |
| 蒜末 | 10克 |

**调料**

| | |
|---|---|
| 盐 | 少许 |
| 鸡粉 | 少许 |

**做法**

1. 圆白菜洗净切片备用。
2. 热锅，倒入适量的油，放入豆酥炒至香味逸出，再放入辣椒末、葱末炒香后，将豆酥取出备用。
3. 于做法2原锅中再倒入适量的油，放入蒜末爆香，加入洗净的圆白菜片炒至微软，加入鸡粉、盐炒匀。
4. 将圆白菜盛盘，撒上炒好的豆酥末即可。

**烹饪小秘方**

豆酥最好与主材料分开炒，才炒得透、炒得香。加入辣椒末和葱末一起拌炒，则可以增加豆酥的风味与颜色。

# 鲜花生炒圆白菜

## 材料

| | |
|---|---|
| 新鲜花生仁 | 40克 |
| 圆白菜 | 300克 |
| 新鲜木耳 | 2克 |
| 胡萝卜 | 10克 |
| 香菜 | 适量 |

## 调料

| | |
|---|---|
| 盐 | 1/4小匙 |
| 鸡精 | 少许 |

## 做法

1. 圆白菜洗净，用手撕成大片；新鲜花生仁用塑料袋装起捣碎；新鲜木耳洗净切小片；胡萝卜去皮切小片，备用。
2. 热锅，倒入适量的油，放入花生碎炒香，再加入圆白菜片、胡萝卜片、木耳片拌炒至熟。
3. 再加入盐、鸡精、香菜炒匀即可。

**烹饪小秘方**

在炒的全过程中用大火快炒，更能保持圆白菜的脆度，不会吃起来软软烂烂的。

# 咖喱圆白菜

**材料**

圆白菜 300克
牛肉片 100克
洋葱 40克
蒜末 10克
葱段 适量

**腌料**

酱油 少许
料酒 1/2大匙
淀粉 少许

**调料**

咖喱粉 1大匙
鸡精 少许
盐 少许

**做法**

1. 圆白菜洗净切小片；洋葱去皮切丝；牛肉片以腌料腌渍，备用。
2. 热锅，倒入适量的油，放入蒜末、葱段及洋葱丝爆香，再加入牛肉片炒至变色后，取出牛肉片备用。
3. 于做法2原锅中加入圆白菜片炒至微软，加入炒好的牛肉片，再加咖喱粉、鸡精、盐炒匀即可。

**烹饪小秘方**

圆白菜如果放在冰箱中冷藏一阵子后，叶片可能会失去水分，吃起来口感就不够清脆。这时候可以先将圆白菜叶片泡在水中，让叶片稍微吸收一下水分，就可以恢复清脆的口感了。

# 腐乳圆白菜

**材料**

圆白菜　300克
红辣椒　1个
蒜头　1瓣

**调料**

麻油腐乳（辛辣口味）　1/4小匙
水　45毫升
糖　1/3小匙
料酒　15毫升

**做法**

1. 圆白菜洗净撕成片状；蒜头去膜切成片状；红辣椒切成片状，备用。
2. 将所有调料混合调匀备用。
3. 热锅，加入1大匙食用油，以中火炒香蒜片，再依序加入辣椒片、圆白菜，续以中火拌炒一下，最后倒入做法2混合调料，转大火拌炒均匀即可。

# 清炒圆白菜

**材料**

圆白菜 400克
姜丝 10克
枸杞子 适量

**调料**

盐 1/4大匙
香菇粉 少许
料酒 1/2大匙

**做法**

1. 圆白菜洗净并切片；枸杞子洗净并沥干水分，备用。
2. 热锅，加入2大匙食用油，将姜丝爆香后，放入圆白菜片、枸杞子炒至微软，加入所有调料拌炒至入味即可。

# 香煎圆白菜苗

**材料**

圆白菜苗 200克
奶油 20克
料酒 15毫升

**调料**

西红柿肉酱 适量

**做法**

1. 圆白菜苗洗净对半切，备用。
2. 热锅，放入奶油待融化，放入切开的圆白菜苗煎至上色。
3. 锅中淋入料酒，盖上锅盖以小火稍微焖一下。
4. 将焖熟的圆白菜苗盛盘，淋上西红柿肉酱即可。

**烹饪小秘方**

**西红柿肉酱**

材料：

A 洋葱末50克、猪肉馅150克、蒜末10克、西红柿200克、鸡粉适量、盐适量、胡椒粉适量、橄榄油3大匙

B 西红柿酱50克、糖10克、酱油10毫升、料酒15毫升、水100毫升

做法：

1 西红柿去皮切末备用；将所有材料B调匀，备用。

2 热锅，加入橄榄油烧热，放入蒜末炒香后，放入洋葱末炒软，再加入猪肉馅炒散，加入西红柿末拌炒一下，将事先调匀的材料B加入，以小火略炒至收汁，再以鸡粉、盐及胡椒粉调味即可。

# 樱花虾炒圆白菜

**材料**

| | |
|---|---|
| 樱花虾 | 10克 |
| 圆白菜 | 300克 |
| 蒜头 | 2瓣 |

**调料**

| | |
|---|---|
| 盐 | 1小匙 |
| 鸡精 | 1小匙 |

**做法**

1. 圆白菜洗净切片；蒜头切末，备用。
2. 热锅，以2大匙油爆香蒜末，放入樱花虾略炒，续放入圆白菜片，大火快炒约3分钟。
3. 加入所有调料炒匀起锅即可。

# 红曲圆白菜

**材料**

圆白菜 400克
辣椒 1/2个
蒜头 2瓣

**调料**

红曲酱 3大匙
盐 少许
胡椒粉 少许

**做法**

1. 先将圆白菜洗净，再撕成大片泡水备用。
2. 再将辣椒、蒜头都切片状备用。
3. 热锅，倒入适量食用油，放入辣椒、蒜片先爆香，再加入泡过水的圆白菜（水分不要滤得太干）直接放入锅中炒一下，加入所有调料翻炒均匀，最后盖上盖焖一下即可。

**烹饪小秘方**

选用红曲酱调味，更是结合圆白菜原本的甜味，不用加鸡精或糖就很好吃，还可以提高免疫力。

# 培根圆白菜

**材料**

| | |
|---|---|
| 培根 | 2片 |
| 圆白菜 | 200克 |
| 蒜头 | 2瓣 |
| 辣椒 | 1/2个 |
| 胡萝卜 | 3片 |

**调料**

| | |
|---|---|
| 盐 | 1/4大匙 |
| 香菇精 | 少许 |
| 料酒 | 1大匙 |

**做法**

1. 先将圆白菜洗净，再撕成大块泡水备用。
2. 培根切粗丝；蒜头、辣椒切片；胡萝卜切丝，备用。
3. 取一炒锅放入适量油，先将培根、蒜片以中火爆香，再将泡好水的圆白菜（水分不要滤太干）直接放入锅中，再加入胡萝卜丝、辣椒片，盖上锅盖焖约1分钟，最后再加入所有调料炒匀，再盖上盖焖一下即可。

**烹饪小秘方**

如何保持圆白菜爽脆的口感：先将圆白菜用手撕成大片，最好将粗梗挑出来不用，放入加了少量盐的水中浸泡约10分钟，再捞起加入炒锅快炒调味，炒的全程需要使用中大火。而这道菜因材料中的培根会出油，所以可以少放点油，吃起来更健康。

# 辣豆瓣炒圆白菜苗

### 材料

| | |
|---|---|
| 圆白菜苗 | 300克 |
| 胡萝卜 | 10克 |
| 鱼板 | 10克 |
| 蒜头 | 1瓣 |
| 红辣椒 | 1/2个 |

### 调料

| | |
|---|---|
| 辣豆瓣酱 | 1大匙 |
| 盐 | 1小匙 |
| 鸡粉 | 少许 |
| 白醋 | 1大匙 |

### 做法

1. 圆白菜苗切块；蒜瓣、红辣椒、胡萝卜、鱼板切片备用。
2. 锅中加1大匙食用油，小火爆香蒜片、辣椒片、胡萝卜片，再加入辣豆瓣酱炒匀。
3. 炒香后放入圆白菜苗、鱼板，转大火拌炒约1分钟，加入其余调料炒匀即可起锅。

# 圆白菜烧肉

**材料**

| | |
|---|---|
| 圆白菜 | 200克 |
| 五花肉片 | 150克 |
| 姜末 | 少许 |
| 黄甜椒 | 少许 |
| 红甜椒 | 少许 |

**调料**

| | |
|---|---|
| 酱油 | 2大匙 |
| 糖 | 1大匙 |
| 料酒 | 1大匙 |
| 味啉 | 少许 |
| 盐 | 适量 |

**做法**

1. 五花肉切片、撒上少许盐腌渍。
2. 圆白菜、黄甜椒、红甜椒洗净切片。
3. 干锅烧热，放入五花肉薄片，煎至略焦出油时，倒入全部调料，烧至入味。
4. 续放入姜末炒香后，再放入备好的圆白菜炒熟，最后加入黄甜椒及红甜椒拌匀配色，起锅即可。

# PART 2

# 空心菜&芥蓝

## Water spinach & Chinese kale

空心菜是一种含水量很高的叶菜，可以种在土壤中也可以在水中存活，不过收割后水分容易散失，因此购买时要保留根部，等到要烹饪食用时再切除根部。而像空心菜这类梗多的蔬菜，如果全部放入锅一起炒，叶子的部分口感容易变老，颜色也会变黑，最好可以将梗与菜叶分开，先放入梗，炒熟之后再将菜叶放入锅炒至微软即可，这样炒出来的空心菜会更好吃，此外也可以加入少许料酒，减少空心菜的草腥味，并可保持颜色翠绿。

# 辣炒羊肉空心菜

**材料**

| | |
|---|---|
| 羊肉片 | 100克 |
| 空心菜 | 250克 |
| 姜末 | 10克 |
| 蒜末 | 10克 |
| 辣椒片 | 10克 |

**调料**

| | |
|---|---|
| 辣椒酱 | 1大匙 |
| 料酒 | 1大匙 |
| 鸡粉 | 少许 |
| 盐 | 少许 |

**做法**

1. 空心菜洗净、切段备用（菜梗与菜叶分开）。
2. 热锅，倒入适量的油，放入姜末、蒜末、辣椒片爆香，再加入羊肉片炒至变色，加入辣椒酱炒均匀，取出羊肉片备用。
3. 于做法2锅中留热油，先加入空心菜梗炒至颜色变翠绿，再加入空心菜叶、羊肉片炒匀，加入剩余调料拌炒入味即可。

**烹饪小秘方**

空心菜叶因为不耐炒，久煮容易变烂，所以把耐炒的空心菜梗先放入锅，将菜梗炒熟，再放入菜叶炒匀，这样空心菜就可以炒得很完美了。

# 苹果丝空心菜

**材料**

| | |
|---|---|
| 苹果 | 100克 |
| 空心菜 | 150克 |
| 胡萝卜 | 30克 |
| 蒜末 | 10克 |

**调料**

| | |
|---|---|
| 盐 | 1/4小匙 |
| 料酒 | 1大匙 |
| 鸡粉 | 少许 |

**做法**

1. 空心菜洗净切段，菜叶和菜梗分开；苹果、胡萝卜去皮切丝，备用。
2. 热锅，倒入适量的油，放入蒜末爆香，加入胡萝卜丝及空心菜梗炒匀。
3. 再加入空心菜叶、苹果丝炒匀，加入所有调料炒入味即可。

**烹饪小秘方**

在家炒空心菜时菜看起来总是黑黑灰灰的，不像餐馆卖的空心菜那样翠绿，其实只要在炒的过程中加入料酒这个“秘密武器”，并且以大火快炒，空心菜炒热后看起来就会比较翠绿。

# 豆豉炒空心菜

**材料**

豆豉　25克
空心菜梗　250克
猪肉馅　150克
蒜末　10克
辣椒末　10克

**调料**

盐　少许
酱油　少许
料酒　1大匙

**做法**

1. 空心菜梗洗净切成粒状备用。
2. 热锅，倒入适量的油，放入蒜末、辣椒末、豆豉爆香，再加入猪肉馅炒开至颜色变白。
3. 加入空心菜梗粒炒匀，再加入所有调料炒至入味即可。

**烹饪小秘方**

空心菜要选择瘦长且叶子部分没有干扁的，这样炒出来的空心菜才会比较嫩。空心菜分粗梗和细梗的品种，粗梗的空心菜吃起来口感较脆，而细梗的空心菜则口感较细嫩。

# 虾酱空心菜

**材料**

| | |
|---|---|
| 空心菜 | 100克 |
| 蒜头 | 2瓣 |
| 红葱头 | 2粒 |
| 辣椒 | 1/2个 |
| 水 | 100毫升 |

**调料**

| | |
|---|---|
| 虾酱 | 2大匙 |
| 白胡椒粉 | 少许 |
| 虾米 | 2大匙 |
| 盐 | 1小匙 |

**做法**

1. 先将空心菜洗净，切小段放入水里面浸泡备用，再加入1小匙的盐一起浸泡。
2. 再将红葱头、蒜瓣、辣椒都切成片状备用。
3. 取炒锅，倒入适量食用油，先爆香红葱头片、蒜片、辣椒片，再加入虾酱、白胡椒粉、虾米炒匀，最后再加入浸泡过的空心菜一起翻炒均匀，盖上盖焖1分钟即可。

**烹饪小秘方**

蔬菜在空气中易流失水分，变得较干，有时会连养分一起流失掉了。通过泡冷水这个步骤可以让它恢复水分，炒起来更脆，快炒就会使蔬菜变得更脆嫩，几乎所有的蔬菜都适用这个步骤。

# 沙茶牛柳空心菜

**材料**

| | |
|---|---|
| 牛柳 | 150克 |
| 空心菜 | 250克 |
| 蒜末 | 2大匙 |
| 红辣椒 | 1/2个 |
| 蛋液 | 少许 |
| 淀粉 | 1小匙 |

**调料**

A

| | |
|---|---|
| 盐 | 1/2小匙 |

B

| | |
|---|---|
| 沙茶酱 | 2大匙 |
| 盐 | 1小匙 |
| 酱油 | 1/2大匙 |
| 糖 | 1小匙 |
| 料酒 | 1大匙 |

**做法**

1. 空心菜洗净切段；红辣椒切丝；牛柳切条加入调料A、蛋液、淀粉腌约15分钟备用。
2. 将牛柳过油备用。
3. 锅中加1大匙食用油小火爆香蒜末，加入空心菜、调料B大火快炒，铺盘底备用。
4. 锅中加1大匙食用油小火爆香蒜末、沙茶酱、辣椒丝，放入牛柳、盐，大火快炒数下，起锅置于空心菜上即可。

# 芥蓝炒腊肠

## 材料

| | |
|---|---|
| 腊肠 | 2根 |
| 芥蓝 | 200克 |
| 蒜 | 2瓣 |

## 调料

| | |
|---|---|
| 盐 | 少许 |
| 糖 | 1小匙 |
| 胡椒粉 | 少许 |
| 香油 | 1小匙 |
| 蚝油 | 1小匙 |

## 做法

1. 腊肠切片；蒜切片，备用。
2. 芥蓝老叶修剪整齐后，放入滚水中加入少许食用油快速氽烫过水，再捞起泡冷水备用。
3. 起一个炒锅，倒入适量食用油，先加入腊肠与蒜片爆香，再加入备好的芥蓝快炒，最后加入所有调料炒匀即可。

**烹饪小秘方**

想吃到鲜绿清脆的芥蓝，购买时要挑中型、梗较短、深绿色的，烹饪时再用剪刀将老叶稍许修剪，这样吃起来口感较好。维持翠绿的方法是先放入加了少许油的滚水中快速氽烫即捞起泡冷水，在快炒时先放腊肠爆香逼出油，最后再放入氽烫好的芥蓝略拌炒调味，这样减少炒的时间，可保持鲜嫩的口感和颜色。炒太久不仅口感变差也容易黄掉！

# 素肝炒芥蓝

**材料**

芥蓝　350克
素猪肝片　100克
辣椒　10克
姜　10克
葵花籽油　2大匙

**调料**

盐　1/4小匙
味精　少许
香油　少许

**做法**

1. 辣椒、姜洗净切丝，备用。
2. 芥蓝取嫩叶，并剔除梗部粗纤维后切段洗净，放入滚水中快速焯烫，捞出沥干水分备用。
3. 热锅倒入葵花籽油，爆香姜丝，再加入素猪肝片、辣椒丝略炒均匀。
4. 续于锅中放入烫过的芥蓝和所有调料拌炒均匀即可。

PART 3

# 大白菜

## Chinese cabbage

大白菜的品种多样，常见的有卷心大白菜、山东大白菜、天津大白菜与娃娃菜，各有不同的口感与风味，可以依照喜欢的烹调方式挑选适合的大白菜。人们最常食用的就是卷心大白菜，因为比起山东大白菜或是天津大白菜，它的叶片较多，比较适合快炒，而梗较多的大白菜品种则适合长时间的炖煮烹调。处理大白菜的方式与圆白菜差不多，先保留最外层的老叶，防止水分散失，没用完的部分用保鲜膜包好冷藏即可。

# 开阳大白菜

**材料**

| | |
|---|---|
| 大白菜 | 500克 |
| 虾仁 | 30克 |
| 猪肉丝 | 80克 |
| 干香菇 | 3朵 |
| 蒜末 | 10克 |
| 葱段 | 15克 |
| 水 | 150毫升 |
| 水淀粉 | 少许 |

**腌料**

| | |
|---|---|
| 酱油 | 少许 |
| 盐 | 少许 |
| 淀粉 | 少许 |

**调料**

| | |
|---|---|
| 糖 | 少许 |
| 陈醋 | 少许 |
| 鸡粉 | 少许 |

**做法**

1. 大白菜洗净切片；虾仁洗净沥干水分；猪肉丝加所有腌料腌渍10分钟；干香菇泡水至软切丝，备用。
2. 热锅，倒入适量的油，放入蒜末、葱段爆香，加入香菇丝、虾仁炒香，放入猪肉丝炒变色。
3. 放入大白菜片炒匀，加入水炒至大白菜稍软。
4. 加入所有调料炒入味，以水淀粉勾芡即可。

**烹饪小秘方**

市面上大致可以买到卷心大白菜、山东大白菜及天津大白菜三个品种，如果是要快炒或是短时间的烧煮，可以选择纤维较少的卷心大白菜；若要长时间炖煮就可以选择另外两种纤维较丰富的大白菜品种。

# 大白菜炒粉条

**材料**

| | |
|---|---|
| 大白菜 | 250克 |
| 粉条 | 60克 |
| 猪肉丝 | 80克 |
| 葱段 | 10克 |
| 蒜末 | 10克 |
| 鲜木耳丝 | 25克 |
| 胡萝卜丝 | 适量 |

**调料**

| | |
|---|---|
| 盐 | 少许 |
| 糖 | 少许 |
| 鸡粉 | 少许 |
| 酱油 | 1大匙 |
| 白胡椒粉 | 少许 |

**做法**

1. 大白菜洗净切片；粉条以冷水泡软，备用。
2. 热锅，倒入适量的油，放入蒜末、葱段爆香，再加入猪肉丝炒至颜色变白。
3. 加入鲜木耳丝，胡萝卜丝及大白菜片炒至微软。
4. 再加入粉条炒开，续加入所有调料炒入味即可。

大白菜买回来之后，如果没有马上烹调，最外层的老叶先不要摘除，这样可以保持大白菜的内部叶片水分不流失，延长保鲜期。

# 韩式炒大白菜

**材料**

| | |
|---|---|
| 大白菜 | 400克 |
| 培根五花肉片 | 100克 |
| 洋葱丝 | 30克 |
| 韭菜段 | 10克 |
| 蒜末 | 10克 |

**调料**

| | |
|---|---|
| 韩式辣酱 | 50克 |
| 白醋 | 少许 |
| 料酒 | 1大匙 |

**做法**

1. 大白菜洗净切片备用，洋葱丝、韭菜段洗净。
2. 热锅，倒入适量的油，放入蒜末、洋葱丝爆香，再加入培根五花肉片炒至变色。
3. 加入韩式辣酱炒香，再加入大白菜片、韭菜段炒匀。
4. 加入其余调料炒匀即可。

**烹饪小秘方**

挑选小粒品种大白菜，炒出来的口感最好。加入韩式辣酱炒出来的大白菜，吃起来就像韩式泡菜的风味，只是口感比较软。

# 大白菜烧肉

**材料**

| | |
|---|---|
| 大白菜 | 500克 |
| 梅花肉片 | 100克 |
| 蒜末 | 10克 |
| 葱末 | 10克 |
| 白芝麻 | 少许 |

**腌料**

| | |
|---|---|
| 糖 | 1/4小匙 |
| 料酒 | 1小匙 |
| 姜汁 | 1小匙 |
| 淀粉 | 适量 |
| 酱油 | 1小匙 |

**调料**

| | |
|---|---|
| 盐 | 少许 |
| 鸡粉 | 少许 |

**做法**

1. 大白菜洗净切片；梅花肉片加入所有腌料腌渍约15分钟，备用。
2. 将腌好的大白菜片放入沸水中汆烫至软，捞出备用。
3. 热锅，倒入3大匙的油，放入肉片煎至颜色变白，加入蒜末、葱末、白芝麻一起拌炒均匀。
4. 放入汆汤过的大白菜段、所有调料拌炒入味即可。

# 盐味虾仁炒大白菜

**材料**

虾仁　200克
大白菜梗　200克
蒜头　1瓣
橄榄油　1小匙

**腌料**

糖　1/4小匙
料酒　1小匙
姜汁　1小匙
淀粉　适量

**调料**

盐　1/2小匙

**做法**

1. 虾仁洗净，放入腌料搅拌均匀腌渍10分钟；大白菜梗洗净切粗丝；蒜头切片。
2. 煮一锅水，将虾仁汆烫至变红后捞起沥干水分备用。
3. 取一不粘锅放油后，爆香蒜片。
4. 放入大白菜丝拌炒后，加1杯水焖煮至软化，再放入虾仁拌炒后，加入盐调味拌匀即可。

# 白果烩炒大白菜

## 材料

| | |
|---|---|
| 白果 | 80克 |
| 山东大白菜 | 50克 |
| 胡萝卜 | 30克 |
| 木耳 | 20克 |
| 大葱 | 15克 |
| 姜片 | 10克 |
| 蒜片 | 10克 |
| 高汤 | 100毫升 |
| 水淀粉 | 少许 |

## 调料

| | |
|---|---|
| 盐 | 1/2小匙 |
| 鸡粉 | 1/2小匙 |
| 料酒 | 1小匙 |
| 香油 | 少许 |

## 做法

1. 山东大白菜去头后剥下叶片洗净、切片；胡萝卜洗净切片；木耳洗净，切片；大葱切段，分葱白段与葱绿段备用。
2. 煮一锅水，滚沸后放入大白菜片煮至软后，捞出备用。
3. 分别将胡萝卜片、木耳片与白果放入滚水中汆烫后捞出。
4. 热锅，倒入约2大匙油烧热，先放入葱白段、姜片与蒜片一起爆香，加入汆烫的白果、高汤、大白菜片、胡萝卜片与木耳片一起煮至滚。
5. 续于锅内加入盐、鸡粉、料酒和剩下的葱绿段一起拌匀，倒入水淀粉勾芡，最后滴入香油拌匀即可。

# 海参炆娃娃菜

**材料**

海参 200克
娃娃菜 250克
甜豆 30克
辣椒 1个
大葱 20克
姜片 10克
高汤 200毫升
水淀粉 少许

**调料**

盐 1/4小匙
鸡粉 1/4小匙
糖 1/4小匙
料酒 1大匙
蚝油 1/2大匙

**做法**

1. 娃娃菜洗净后去蒂部、对切；海参泡发、洗净、切小块；甜豆去头、去尾和蒂头、洗净切段；辣椒洗净去籽、切片；大葱洗净切段备用。
2. 煮一锅滚水，分别将娃娃菜、甜豆及海参放入滚水中汆烫后捞出。
3. 热锅，倒入2大匙油烧热，先放入姜片、葱段和辣椒片一起爆香，再加入汆烫过的海参和所有调料一起快炒均匀。
4. 续于锅中加入高汤、娃娃菜和甜豆拌匀后，盖上锅盖焖煮至入味，起锅前再以水淀粉勾芡即可。

# 干贝酥娃娃菜

**材料**

| | |
|---|---|
| 干贝 | 5粒 |
| 娃娃菜 | 250克 |
| 蒜末 | 5克 |
| 姜末 | 5克 |
| 水淀粉 | 适量 |
| 辣椒片 | 1/2个 |

**调料**

| | |
|---|---|
| 料酒 | 150毫升 |
| 盐 | 少许 |
| 鸡粉 | 1/4小匙 |
| 香油 | 少许 |

**做法**

1. 娃娃菜去头、剥片后洗净；干贝以料酒泡至软，上锅蒸约20分钟至凉后取出、沥干，剥成丝状备用。
2. 热油锅，放入干贝丝炸至酥脆后捞起、沥油备用。
3. 另热锅，倒入1大匙油烧热，放入蒜末、辣椒片和姜末一起爆香后，加入娃娃菜拌炒均匀。
4. 续于锅内加入剩余的调料一起拌炒入味，再倒入水淀粉勾芡后盛盘。
5. 最后将炸干贝丝放在盘中的娃娃菜上即可。

# 魔芋炒大白菜

**材料**

| | |
|---|---|
| 魔芋 | 150克 |
| 大白菜 | 400克 |
| 姜片 | 10克 |
| 葱段 | 15克 |

**调料**

| | |
|---|---|
| 盐 | 1/4小匙 |
| 鸡粉 | 1/4小匙 |
| 胡椒粉 | 少许 |
| 香油 | 少许 |

**做法**

1. 大白菜洗净切片；魔芋泡水备用。
2. 取锅，煮一锅滚水，依序将大白菜和魔芋放入沸水中汆烫后捞出备用。
3. 热锅，倒入2大匙油，将姜片和葱段爆香后，放入烫过的大白菜拌炒，再放入魔芋略拌炒，加入所有调料炒至入味即可。

**烹饪小秘方**

从中医的角度讲，魔芋性寒、辛，有毒；西医分析发现，魔芋中含量最大的葡萄甘露聚糖，具有强大的膨胀力，黏韧度超过所有的植物胶，既可填充胃肠，消除饥饿感，又因所含热量微乎其微，所以是减肥爱美人士的绝佳食品。

# PART 4

# 菠菜 Spinach

菠菜是冬天市场中常见的绿色蔬菜之一，不过现在一年四季在菜市场、超市也可以买得到。菠菜虽然营养丰富却含有草酸，会阻碍人体对钙质的吸收，但草酸在高温烹煮后通常会分解，而菠菜与含有高钙的蔬菜一起煮就会产生草酸钙，大量食用容易让人体内产生结石，但只要适量食用，菠菜还是个营养价值高的蔬菜。菠菜吃起来容易有涩涩的口感，可以利用加了油的沸水汆烫，或是在烹煮过程中加入少许糖，或是加入口感滑嫩的食材一起烹调，都可以减少菠菜的涩口感。

# 西红柿炒菠菜

**材料**

西红柿 80克
菠菜 300克
蒜片 15克

**调料**

盐 1/4茶匙
鸡粉 少许
糖 少许

**做法**

1. 菠菜洗净切段；西红柿洗净切瓣，备用。
2. 将菠菜放入沸水中汆烫一下，立刻捞出沥干水分备用。
3. 热锅，倒入适量的油，放入蒜片爆香，再放入西红柿瓣炒匀。
4. 再加入沥干水的菠菜和所有调料炒匀即可。

**烹饪小秘方**

市面上可以买到的菠菜大致上有两种类型，一种是圆叶菠菜，另一种是尖叶菠菜，吃起来口感差不多，但是尖叶的苦涩感比较少。此外如果不喜欢菠菜涩口刮舌的感觉，可以事先汆烫或是加入少许糖调味，都可以减少菠菜的苦涩感。

# 山药枸杞炒菠菜

**材料**

山药　100克
枸杞子　适量
菠菜　250克
姜片　15克

**调料**

盐　1/4小匙
鸡粉　少许

**做法**

1. 菠菜洗净切段；山药去皮切片后泡水，备用；枸杞子泡好。
2. 热锅，倒入适量的油，放入姜片爆香，再放入山药片、枸杞子及菠菜段炒匀。
3. 加入所有调料拌炒均匀即可。

山药带有独特的黏滑特性，正好可以将菠菜苦涩刮舌的口感中和。此外如果煮汤最好选铁棍山药，比较耐煮，不易在过程中碎散，而想吃黏滑口感的凉拌山药，则可考虑选择黏液多的普通品种。

# 菠菜炒蛋皮

**材料**

菠菜　300克
鸡蛋　1个
蒜末　10克

**调料**

盐　1/4小匙
鸡粉　少许
香油　少许

**做法**

1. 菠菜洗净切段备用。
2. 将鸡蛋打散，以少许油煎成蛋皮，再切成丝状备用。
3. 另热锅，倒入适量的油，放入蒜末爆香，再加入菠菜段炒匀。
4. 加入蛋皮丝与所有调料拌炒均匀即可。

**烹饪小秘方**

葱也有减少菠菜苦涩刮舌口感的特殊作用，只要在烹饪菠菜时加入葱，你会发现菠菜吃起来更顺口了，而且葱正好可以当作爆香材料，炒菠菜时不妨加一些葱。

# 樱花虾拌菠菜

**材料**

| | |
|---|---|
| 樱花虾 | 100克 |
| 菠菜 | 400克 |
| 蒜末 | 15克 |
| 辣椒片 | 15克 |

**调料**

A

| | |
|---|---|
| 盐 | 1/2小匙 |
| 糖 | 1/2小匙 |
| 鸡粉 | 1/2小匙 |
| 料酒 | 2大匙 |

B

| | |
|---|---|
| 水 | 60毫升 |
| 香油 | 1小匙 |

**做法**

1. 菠菜洗净，放入沸水中汆烫至熟捞，捞起挤干水分，切成适当大小段状，备用。
2. 热锅，倒入适量食用油，放入樱花虾、蒜末、辣椒片爆香。
3. 于锅中加入水拌炒一下，续加入调料A拌匀。
4. 放入做法1的菠菜段，拌匀并洒上香油即可。

**烹饪小秘方**

菠菜虽然美味又营养，但是含有的大量草酸会阻碍人体对钙的吸收，不过草酸在高温烹煮后通常会分解，此外草酸若与含钙的食物一起烹煮会产生草酸钙而在人体内生成结石，不过只要不大量食用对人体影响不大。

# 洋葱炒菠菜

**材料**

| | |
|---|---|
| 蒜头 | 2瓣 |
| 菠菜 | 250克 |
| 洋葱 | 100克 |

**调料**

| | |
|---|---|
| 盐 | 少许 |
| 胡椒粉 | 少许 |
| 糖 | 1小匙 |
| 水 | 100毫升 |
| 香油 | 1大匙 |

**做法**

1. 菠菜洗净，切段状后泡冷水，备用。
2. 蒜洗净切片；洋葱洗净切成丝状，备用。
3. 热锅，倒入食用油，先加入洋葱丝与蒜片爆香，再加入用冷水处理过的菠菜及所有调料一起翻炒几下，最后盖上盖焖约30秒起锅即可。

有些人认为菠菜有种特别的味道，吃起来稍微有点苦涩与刮舌的感觉，这时可在快炒时搭配少许洋葱丝，让洋葱遇热后产生的自然甜味去压苦味，若觉得不够再加一点点糖，而加入油可以去除刮舌的问题，食用油或香油都可以。

# 金针菇炒菠菜

**材料**

| | |
|---|---|
| 金针菇 | 100克 |
| 菠菜 | 200克 |
| 蒜头 | 2瓣 |
| 橄榄油 | 1小匙 |

**调料**

| | |
|---|---|
| 盐 | 1/2小匙 |

**做法**

1. 菠菜洗净切段；金针菇去根须，洗净切段；蒜洗净切片。
2. 取一不粘锅放油后，爆香蒜片。
3. 加入金针菇、菠菜及盐拌炒均匀盛盘即可。

**烹饪小秘方**

菠菜在烹煮时容易有涩涩的口感，添加金针菇正可以消除涩味，是很好的搭配。金针菇低能量、低脂肪、含多糖体，营养丰富，丰富的纤维容易带来饱足感，是适合减肥族的好食材。这道菜就是要吃食材的原味，因为这两样食材都具有特殊的香味，烹煮时只要添加少许盐调味即可。

# 菠菜炒猪肝

**材料**

| | |
|---|---|
| 菠菜 | 300克 |
| 猪肝 | 150克 |
| 蒜头 | 2瓣 |
| 橄榄油 | 1/2小匙 |

**腌料**

| | |
|---|---|
| 酒 | 1小匙 |
| 酱油 | 1小匙 |
| 水 | 1大匙 |
| 淀粉 | 1/2小匙 |

**调料**

| | |
|---|---|
| 盐 | 1/2小匙 |

**做法**

1. 猪肝切片冲水后，加入腌料搅拌均匀腌渍15分钟。
2. 菠菜洗净切小段沥干水分；蒜头洗净切片备用。
3. 煮一锅水，将猪肝汆烫至八分熟后，捞起沥干水分备用。
4. 取一不粘锅放油，爆香蒜片，先放入菠菜略炒，再加入猪肝片拌炒。
5. 加入盐后略微拌炒，盛盘即可。

**烹饪小秘方**

传统做法是将猪肝切薄片腌入味后过油，以保持猪肝鲜嫩口感；在本食谱中改以汆烫方式处理，不仅可减少油脂摄取量，还能保持猪肝的嫩度。

PART 5

# 花椰菜

Broccoli & cauliflower

市面上常见的花椰菜有绿色与白色两个品种。白色的我们也叫菜花、花菜，绿色也叫西蓝花。西蓝花口感比较清脆，适合热炒、凉拌、焗烤，也可以长时间的炖煮；而菜花口感细致绵密，常用来热炒与煮汤。由于花椰菜很受菜虫欢迎，且花椰菜都长得很密实，因此在烹饪前一定要彻底洗干净。花椰菜梗的底部纤维很粗口感较差，烹饪前最好先削除这些粗皮，然后再将一大朵的花椰菜分成数株，大小适中，以便于烹饪。且因为花椰菜耐煮，如果喜欢较软的口感，快炒前可以先烫过。

# 双色花椰炒鲜菇

**材料**

| | |
|---|---|
| 菜花 | 150克 |
| 西蓝花 | 150克 |
| 鲜香菇 | 60克 |
| 胡萝卜片 | 15克 |
| 蒜末 | 10克 |

**调料**

| | |
|---|---|
| 盐 | 1/4小匙 |
| 鸡粉 | 少许 |
| 香油 | 少许 |
| 白胡椒粉 | 少许 |

**做法**

1. 菜花、西蓝花洗净削除根部粗皮，切小朵后放入沸水中汆烫一下，捞起浸泡冷水后，沥干备用。
2. 鲜香菇切小块备用。
3. 热锅，倒入适量的油，放入蒜末爆香后，加入鲜香菇块炒香。
4. 放入胡萝卜片、菜花、西蓝花炒匀，再加入所有调料拌炒均匀即可。

**烹饪小秘方**

花椰菜也是属于耐煮的蔬菜，因此可以事先烫过，可以减少拌炒的时间，而烫过后泡入冷水中，则会让花椰菜的口感更加清脆，颜色也比较漂亮。

# 黄花菜炒菜花

**材料**

黄花菜　15克
菜花　300克
干香菇　2朵
蒜片　10克

**调料**

盐　1/4小匙
鸡粉　少许
香油　1小匙
白胡椒粉　少许

**做法**

1. 干香菇洗净泡水至软切丝；干黄花菜洗净泡水至软后打结，备用。
2. 菜花洗净削除根部粗皮，切小朵后放入沸水中汆烫一下，捞起浸泡冷水；再将打结的黄花菜放入沸水中汆烫，分别沥干备用。
3. 热锅，倒入适量的油，加入蒜片、香菇丝爆香，再放入处理过的菜花、黄花菜结炒匀，加入所有调料炒入味即可。

**烹饪小秘方**

干的黄花菜使用前要先泡开，因为花瓣容易脱落，所以将黄花菜打结的目的就是避免在炒的过程中散开。

# 蟹肉西蓝花

**材料**

蟹腿肉 20克
西蓝花 280克
蒜头 2瓣
胡萝卜 5片
蛋清 适量（1各鸡蛋）

**调料**

盐 少许
胡椒粉 少许
香油 少许

**做法**

1. 先将西蓝花洗净后切成小朵状，快速汆烫约1分钟，再放入冰水里面冰镇一下，备用。
2. 再将蒜洗净切片；胡萝卜洗净，去皮切丝；将蟹腿肉放入滚水中汆烫过水备用。
3. 热锅，倒入食用油，先爆香蒜片、胡萝卜丝，再加入冰镇的西蓝花与蟹肉一起快速翻炒均匀，最后再加入调料与蛋清勾芡即可。

**烹饪小秘方**

蔬菜煮太久容易变黄，想要西蓝花不变黄的步骤是准备一锅滚水加入盐与少许食用油，再加入西蓝花汆烫约1分钟即捞起，再泡冰水，变凉后再拿来炒，这样一来不只可以维持青绿可口的卖相，又能进一步去除农药，还能缩短炒的时间，一举三得。

# 虾仁炒西蓝花

**材料**

| | |
|---|---|
| 虾仁 | 100克 |
| 西蓝花 | 250克 |
| 鲜黑木耳 | 20克 |
| 蒜片 | 10克 |
| 红辣椒片 | 10克 |

**调料**

A

| | |
|---|---|
| 盐 | 少许 |
| 料酒 | 1小匙 |
| 淀粉 | 少许 |

B

| | |
|---|---|
| 糖 | 少许 |
| 胡椒粉 | 少许 |
| 盐 | 1/4小匙 |
| 鸡粉 | 1/4小匙 |

**做法**

1. 西蓝花洗净，切下一朵朵的花球，削去梗部粗皮备用；黑木耳洗净切片，备用。
2. 虾仁去肠泥洗净，加入盐、料酒、淀粉拌匀腌渍约10分钟备用。
3. 取锅，加水煮沸，将西蓝花、黑木耳片和胡萝卜片，依序放入沸水中汆烫后捞出备用。
4. 热锅，加入2大匙食用油，将蒜片爆香后加入红辣椒片，放入已腌好的虾仁炒一下，再放入西蓝花、黑木耳片和所有调料拌炒至入味即可。

# 开阳西蓝花

**材料**

| | |
|---|---|
| 西蓝花 | 400克 |
| 虾米 | 50克 |
| 蒜末 | 15克 |
| 胡萝卜片 | 20克 |
| 辣椒片 | 15克 |

**调料**

A

| | |
|---|---|
| 盐 | 1/2小匙 |
| 糖 | 1/2小匙 |
| 鸡粉 | 1/2小匙 |
| 水 | 300毫升 |

B

| | |
|---|---|
| 水淀粉 | 适量 |
| 香油 | 适量 |

**做法**

1. 西蓝花洗净，切小朵；胡萝卜片洗净，与西蓝花一起放入沸水中汆烫至熟，捞起沥干备用。
2. 热锅，倒入适量食用油，放入蒜末、辣椒片及虾米爆香。
3. 在做法2锅中加入水拌炒一下，加入汆烫过的西蓝花、胡萝卜炒至汤汁炒匀。
4. 续加入调料A煮至汤汁沸腾，以水淀粉勾薄芡，并滴入香油即可。

**烹饪小秘方**

西蓝花口感较为清脆，常见于凉拌、热炒等烹饪；而菜花口感较松软，常以热炒、炖煮等烹饪方式呈现。

# 菜花炒腊肉

**材料**

| | |
|---|---|
| 菜花 | 400克 |
| 腊肉 | 100克 |
| 葱段 | 15克 |
| 蒜末 | 15克 |
| 辣椒片 | 15克 |

**调料**

A

| | |
|---|---|
| 鸡粉 | 1/2小匙 |
| 糖 | 1/2小匙 |
| 盐 | 1/2小匙 |
| 料酒 | 1大匙 |
| 水 | 300毫升 |

B

| | |
|---|---|
| 水淀粉 | 适量 |
| 香油 | 适量 |

**做法**

1. 菜花洗净，切小朵，放入沸水中汆烫至熟，捞起沥干备用。
2. 腊肉去皮、切片，放入沸水汆烫至软备用。
3. 热锅，倒入适量食用油，放入蒜末、辣椒片、葱段爆香。
4. 续于锅中加入水拌炒一下，加入汆烫的菜花、腊肉片炒匀。
5. 续加入调料A煮至汤汁沸腾，以水淀粉勾薄芡并滴入香油即可。

# 蟹味菇炒西蓝花

**材料**

蟹味菇　50朵
西蓝花　200克
红椒　100克
蒜末　1大匙
水淀粉　少许

**调料**

盐　1小匙
鸡粉　少许

**做法**

1. 红椒洗净切片；西蓝花洗净切小朵，放入滚水中加点食用油烫熟，取出泡冰水备用。
2. 锅中加1大匙食用油，小火爆香蒜末，加入西蓝花、蟹味菇、红椒拌炒数下，加入所有调料，起锅前加水淀粉勾薄芡即可。

**烹饪小秘方**

汆烫西蓝花时，在滚水中加点食用油，取出泡水冰镇，都是使绿色青菜保持翠绿的方法。

# 蒜香西蓝花

**材料**

| | |
|---|---|
| 蒜头 | 3瓣 |
| 西蓝花 | 250克 |
| 辣椒 | 10克 |
| 猪肉丝 | 100克 |

**调料**

| | |
|---|---|
| 糖 | 少许 |
| 胡椒粉 | 少许 |
| 香油 | 1大匙 |

**做法**

1. 先将西蓝花洗净，切成小朵状，再将西蓝花去粗皮泡水备用。
2. 蒜头、辣椒洗净均切片，备用。
3. 热油锅，当油温在180℃时，放入西蓝花迅速过油，随即捞起沥油备用。
4. 热锅，倒入适量食用油，先放入蒜片与辣椒片爆香，再加入猪肉丝略炒，最后放入过油的西蓝花与所有调料一起翻炒均匀即可。

**烹饪小秘方**

起油锅油温约达180℃时，再将浸泡好的西蓝花用餐巾纸吸干水分，放入油锅中过油，时间约10秒，快速捞起，就会比没炒的时候更翠绿。

# 西蓝花炒墨鱼片

**材料**

| | |
|---|---|
| 西蓝花 | 200克 |
| 墨鱼 | 120克 |
| 蒜头 | 2瓣 |
| 红辣椒 | 1个 |
| 橄榄油 | 1小匙 |

**调料**

| | |
|---|---|
| 料酒 | 1大匙 |
| 糖 | 1/4小匙 |
| 盐 | 1/2小匙 |

**做法**

1. 墨鱼洗净切片；西蓝花洗净，切小朵；红辣椒洗净，切片；蒜头洗净切片。
2. 煮一锅水，将西蓝花烫熟捞起沥干；接着将墨鱼片放入汆烫捞起沥干备用。
3. 取一不粘锅放油爆香蒜片，放入西蓝花、墨鱼片和辣椒片略拌炒后；放入所有调料调味盛盘即可。

**烹饪小秘方**

墨鱼又称乌贼，味道鲜美、营养丰富，药用价值高，是高蛋白、低脂肪的海产品。墨鱼含蛋白质13%，而含脂肪仅为0.7%，是可经常食用的滋补海味，即使是肥胖者、动脉硬化患者、高血压患者、冠心病患者适量吃也无妨。因为墨鱼片本身已经有些咸味了，所以烹饪时要少放盐。

# PART 6

# 四季豆&甜豆

## String bean & Sweet snap peas

四季豆与甜豆是市场中常见的豆类蔬菜，价格也非常合理，更重要的是这两种豆类的豆涩味没那么重，一般人接受度较高，除了直接当主菜烹饪外，也能当做配色的蔬菜使用。

而豆类的豆荚两侧都会有粗筋丝，可以将头尾摘除顺便连带将粗丝摘除，这样炒好的豆荚吃起来就不会有咬不断的粗丝了。

不喜欢豆涩味的人，可以事先用加了少许油的沸水稍微汆烫，这样可减轻豆涩味。而豆类千万不可生食，一定要完全煮熟才能食用！

# 甜豆炒蟹脚肉

**材料**

| | |
|---|---|
| 甜豆 | 200克 |
| 蟹脚肉 | 100克 |
| 玉米笋 | 30克 |
| 蟹味菇 | 30克 |
| 胡萝卜片 | 25克 |
| 蒜末 | 10克 |
| 热水 | 适量 |

**调料**

| | |
|---|---|
| 盐 | 1/4小匙 |
| 鸡粉 | 少许 |
| 料酒 | 1大匙 |

**做法**

1. 甜豆去除头尾及两侧粗丝，洗净备用；蟹脚肉放入沸水中汆烫一下，备用。
2. 玉米笋洗净切段；蟹味菇洗净剥散，备用；胡萝卜片洗净。
3. 热锅，倒入适量的油，放入蒜末爆香，再放入胡萝卜片、玉米笋、蟹味菇、甜豆拌炒后再放入蟹脚肉、热水及所有调料炒匀即可。

**烹饪小秘方**

炒不易出水的青菜时，可以加入适量的热水，防止加入材料时，瞬间让锅中温度下降，而延长炒菜的时间，炒菜时间过长时，菜就容易变黄变黑，口感也会变差了。

# 甜豆炒红黄椒

**材料**

甜豆　150克
蒜片　10克
红椒　60克
黄椒　60克

**调料**

盐　1/4小匙
鸡粉　少许
料酒　1大匙

**做法**

1. 甜豆去除头尾及两侧粗丝，洗净；红椒、黄椒去籽切条状，备用。
2. 热锅，倒入适量的油，放入蒜片爆香。
3. 加入甜豆炒1分钟，再放入红椒、黄椒条炒匀，加入所有调料拌炒均匀即可。

**烹饪小秘方**

甜豆要有好口感，一定要先摘除两侧的粗丝，吃起来才会鲜嫩。而豆类都有一股特殊的豆腥味，如果不爱这种味道的人，可以事先将豆类过油或入水汆烫，可以减少这股味道。

# XO酱炒甜豆

**材料**

XO酱 30克
甜豆 300克
墨鱼 100克

**调料**

料酒 少许
盐 少许

**做法**

❶ 甜豆洗净，撕去两侧的粗纤维；墨鱼洗净沥干水分，先切花再切片状，备用。

❷ 热锅，加入适量食用油后，放入甜豆拌炒，再加入墨鱼片和所有调料拌炒均匀后，加入XO酱略拌炒即可。

**烹饪小秘方**

XO酱色泽红亮、鲜味浓厚、醇香微辣，特别适宜于鲜嫩原料的烹制，使之具有浓郁的海鲜香味。用XO来酱烹制菜肴是一件简单的事，但因为XO酱本身含有不少油脂，烹制时要控制好用油量，并且下锅后不能久炒，以防炒煳。另外XO酱在贮存时，一定要用红油封面，这样才不易变质，烹制出来的菜肴也会更油润可口。

# 甜豆炒虾仁

**材料**

甜豆 200克
虾仁 250克
黑木耳 30克
胡萝卜 20克
蘑菇 40克
蒜末 10克
高汤 50毫升

**腌料**

盐 少许
料酒 1小匙
淀粉 少许

**调料**

盐 1/2小匙
鸡粉 1/2小匙
胡椒粉 少许

**做法**

1. 虾仁洗净沥干水分，与所有腌料拌匀，腌渍约10分钟，备用。
2. 甜豆去头尾粗丝洗净；黑木耳提前泡发，切长片状；胡萝卜去皮洗净，切片状；蘑菇洗净切片，备用。
3. 虾仁放入热油锅中过油，至看到颜色变红就马上捞起，沥油。
4. 另热锅，倒入2大匙油，爆香蒜末，放入胡萝卜片、黑木耳片、蘑菇片及甜豆炒数下，加入高汤炒1分钟，再加入过油的虾仁及所有调料炒均匀即可。

# 豆豉炒甜豆

**材料**

| | |
|---|---|
| 甜豆 | 300克 |
| 豆豉 | 1小匙 |
| 红椒 | 50克 |
| 蒜末 | 1/2小匙 |

**调料**

| | |
|---|---|
| 盐 | 少许 |
| 胡椒粉 | 少许 |
| 鸡粉 | 少许 |

**做法**

❶ 甜豆洗净沥干，撕去两侧的粗纤维；红椒洗净切条状；豆豉洗净，切末备用。

❷ 热锅，加入适量食用油后，放入蒜末、豆豉末炒至香味逸出，加入甜豆拌炒后，再加入红椒条和所有调料拌炒均匀即可。

**烹饪小秘方**

若不喜欢甜豆特别的豆腥味道，也可利用过油这个步骤去腥，也可以释放出甜豆的原味，转换成甜味。

# 四季豆炒鸡丁

**材料**

四季豆　200克
鸡肉丁　100克
胡萝卜　60克
蒜末　10克

**调料**

盐　少许
白胡椒粉　少许
鸡粉　少许
香油　少许

**腌料**

盐　1/4小匙
料酒　1小匙
淀粉　少许

**做法**

1. 四季豆去筋洗净，汆烫后切丁；胡萝卜洗净去皮，切丁后汆烫，备用。
2. 鸡肉丁加入所有腌料腌渍10分钟备用。
3. 热锅，倒入适量的油，放入蒜末爆香，再加入鸡肉丁炒至变白。
4. 加入胡萝卜丁、四季豆丁及所有调料炒匀即可。

**烹饪小秘方**

四季豆记得完整下锅汆烫后再切丁，以免甜分散失；而胡萝卜因为比较耐煮，切丁后，再汆烫可以加快汆烫速度。

# 干煸四季豆

**材料**

| | |
|---|---|
| 四季豆 | 300克 |
| 猪肉馅 | 80克 |
| 蒜末 | 1/2小匙 |
| 姜末 | 1/2小匙 |
| 淀粉 | 1/2小匙 |
| 水 | 4大匙 |

**调料**

| | |
|---|---|
| 辣豆瓣酱 | 1小匙 |
| 酱油 | 小匙 |
| 盐 | 1/4小匙 |
| 糖 | 1/2小匙 |

**做法**

1. 四季豆洗净，撕去粗丝，对半切断，备用。
2. 猪肉馅加入淀粉抓匀备用。
3. 热锅，加入食用油至高温后，放入四季豆炸至表面略焦后捞出沥油。
4. 另取锅，加入少许食用油，放入猪肉馅，以中火炒约1分钟，加入蒜末、姜末和辣豆瓣酱，炒约2分钟后，加入水、剩余调料和炸过的四季豆，以大火炒约1分钟，待汤汁略收干即可。

# 丁香鱼四季豆

**材料**

丁香鱼　20克
四季豆　150克
蒜末　1/4小匙
红辣椒末　1/4小匙

**调料**

酱油　1小匙
糖　1小匙

**做法**

1. 四季豆掐去头尾蒂头，洗净沥干后从中间折断备用；丁香鱼洗净备用。
2. 取锅，加入半锅油烧热至150℃，放入四季豆和丁香鱼略炸过后，捞起沥干备用。
3. 另取锅，放入少许油，放入蒜末和红辣椒末炒香，加入所有调料和炸过的丁香鱼、四季豆，以大火略拌炒均匀即可。

**烹饪小秘方**

四季豆两侧有较粗的纤维粗丝，烹煮前可先从头尾两端撕除粗丝，食用时口感更好。

# 辣炒四季豆丁

**材料**

| | |
|---|---|
| 辣椒圈 | 10克 |
| 朝天椒圈 | 10克 |
| 四季豆 | 200克 |
| 蒜末 | 10克 |
| 猪肉末 | 150克 |
| 豆豉 | 15克 |

**调料**

| | |
|---|---|
| 盐 | 1/4小匙 |
| 鸡粉 | 少许 |
| 糖 | 1/4小匙 |
| 料酒 | 1小匙 |

**做法**

1. 四季豆洗净，去老筋及两端蒂头并切丁备用。
2. 热锅，加入2大匙食用油，将蒜末爆香后，放入猪肉末炒散至变色，放入豆豉、朝天椒圈、辣椒圈炒香。
3. 续放入四季豆丁炒约1分钟，再加入所有调料拌炒至入味即可。

# 四季豆炒蛋

**材料**

| | |
|---|---|
| 四季豆 | 200克 |
| 鸡蛋 | 3个 |
| 猪肉馅 | 50克 |

**调料**

A

| | |
|---|---|
| 胡椒粉 | 少许 |
| 盐 | 少许 |

B

| | |
|---|---|
| 料酒 | 1大匙 |
| 鸡粉 | 1/2小匙 |
| 盐 | 少许 |
| 酱油 | 1小匙 |

**做法**

1. 四季豆洗净掐去蒂头，切成1厘米左右的粗丁状。
2. 鸡蛋打入碗中打散，加入调料A拌匀。
3. 热锅，加入适量食用油后，放入猪肉馅炒至松散状，加入调料B充分拌炒，再放入四季豆粗丁，并将备好的蛋液一次倒入（若锅中的油量不足，可再加一些），翻炒至蛋液成松散状即可。

# 奶酪炒四季豆

**材料**

| | |
|---|---|
| 奶酪丝 | 30克 |
| 四季豆 | 150克 |
| 蒜末 | 1/2小匙 |
| 鱼子 | 适量 |

**调料**

| | |
|---|---|
| 蛋黄酱 | 适量 |

**做法**

❶ 四季豆去筋，放入沸水（加入少许盐）中汆烫一下，捞起放入冷水中冷却，再沥干水分备用。

❷ 热锅入油，放入四季豆、蒜末稍微拌炒一下，再加入蛋黄酱及奶酪丝炒匀。盛盘，撒上鱼子即可。

# PART 7

# 萝卜

## Chinese radish & Carrot

萝卜是餐桌上常见的食材之一，在市场里也很容易买到，有时会见到白萝卜，有时会见到胡萝卜。通常在沙质地种植的萝卜，皮较细，吃起来也清脆；相反，红土地所种的萝卜，皮则粗糙，吃起来口感较硬。

白萝卜表皮色黄且粗糙，口感上较辛辣，同时也略带苦味，嚼起来也比较硬，而胡萝卜则色泽鲜艳，且外表没有撞伤的较好。

萝卜洗净并沥干水分后，去掉头及尾端的部分，削掉外皮食用比较好。如果不喜欢白萝卜的辛辣味或是胡萝卜的腥味，事先汆烫过就可以减少这种味道。

# 胡萝卜炒榨菜

**材料**

| | |
|---|---|
| 胡萝卜 | 200克 |
| 榨菜 | 100克 |
| 猪肉丝 | 80克 |
| 蒜末 | 10克 |
| 葱末 | 10克 |
| 花生粉 | 适量 |

**腌料**

| | |
|---|---|
| 酱油 | 少许 |
| 料酒 | 1/2小匙 |
| 淀粉 | 少许 |

**调料**

| | |
|---|---|
| 水 | 50毫升 |
| 盐 | 1/4小匙 |
| 鸡粉 | 少许 |
| 香油 | 少许 |

**做法**

1. 胡萝卜去皮洗净，切丝；榨菜洗净切丝，备用。
2. 猪肉丝加入所有腌料腌约10分钟备用。
3. 热锅，倒入适量油，放入腌好的猪肉丝炒至变白取出备用。
4. 续于原锅加入蒜末、葱末爆香，再加入胡萝卜丝炒至微软。
5. 加入榨菜丝、所有调料及猪肉丝炒匀，再撒入花生粉即可。

**烹饪小秘方**

若讨厌胡萝卜特殊的腥味，可以事先汆烫以减少腥味，不过由于这道菜要与榨菜丝一起炒，榨菜本身口感较脆，所以胡萝卜如果烫过会比较软，口感上不搭，因此拌入花生粉，利用花生香也可以减少胡萝卜的腥味。

# 萝卜炒海带根

**材料**

白萝卜 350克
海带根 100克
姜丝 15克
熟白芝麻 少许

**调料**

A
味啉 20毫升
陈醋 少许
酱油 1.5大匙
盐 少许

B
料酒 1大匙
七味粉 少许

**做法**

1. 白萝卜去皮切条状，放入沸水中汆烫3分钟，取出沥干备用。
2. 海带根洗净，放入沸水中汆烫一下，取出沥干水分备用。
3. 热锅，倒入2大匙油，放入姜丝爆香，放入白萝卜炒匀。
4. 加入海带根、所有调料A炒入味，再加入熟白芝麻与料酒、七味粉即可。

**烹饪小秘方**

白萝卜本身有强烈的辛辣味，可以借由汆烫的步骤，减少白萝卜的辛辣味，但是也不要汆烫太久，否则白萝卜的鲜味与营养都会流失。

# 虾皮炒萝卜

**材料**

| | |
|---|---|
| 虾皮 | 15克 |
| 白萝卜 | 500克 |
| 蒜末 | 10克 |
| 芹菜末 | 10克 |
| 高汤 | 150毫升 |

**调料**

| | |
|---|---|
| 盐 | 1/4小匙 |
| 糖 | 少许 |
| 白胡椒粉 | 少许 |

**做法**

1. 白萝卜洗净去皮切丝；虾皮洗净沥干水分，备用。
2. 热锅，倒入适量的油，放入虾皮炒香后取出备用。
3. 锅中再加入适量的油，加入蒜末爆香，放入萝卜丝炒至微软。
4. 加入高汤，盖上锅盖焖煮5分钟，再加入炒过的虾皮、芹菜末及所有调料炒匀即可。

**烹饪小秘方**

在挑选白萝卜时，尽量挑选带有叶子及沾带泥土的，且泥土略微潮湿，表示刚采收没多久正新鲜。如果表面有细微的天然裂缝，那表示白萝卜成熟得恰到好处。

# 双色大根排

**材料**

白萝卜　300克
胡萝卜　100克
西蓝花　适量
奶油　20克
橄榄油　少许

**调料**

蚝油风味酱　2大匙

**做法**

1. 白萝卜、胡萝卜去皮，洗净切成厚圆片，放入沸水中煮至软，捞起沥干备用。
2. 西蓝花放入加了盐的沸水中烫熟，捞起沥干水分加入少许盐及橄榄油拌匀，备用。
3. 热锅，加入奶油烧至融化，放入烫软的白萝卜、胡萝卜片煎至两面上色。
4. 再加入蚝油风味酱炒匀，盛盘，放上西蓝花点缀即可。

**烹饪小秘方**

蚝油风味酱

材料：

蚝油20克、酱油25毫升、料酒25毫升、香油6毫升、糖10克

做法：

将所有材料混合均匀至糖溶化即可。

# 萝卜炒肉

**材料**

| | |
|---|---|
| 白萝卜 | 1/2根 |
| 猪瘦肉 | 200克 |
| 蒜头（切片） | 1瓣 |
| 葱（切段） | 20克 |
| 辣椒（切片） | 1个 |
| 水 | 2大匙 |

**腌料**

| | |
|---|---|
| 酱油 | 1小匙 |
| 料酒 | 1小匙 |
| 胡椒粉 | 适量 |
| 香油 | 适量 |
| 淀粉 | 适量 |

**调料**

| | |
|---|---|
| 盐 | 适量 |
| 胡椒粉 | 少许 |
| 鸡粉 | 少许 |
| 香油 | 少许 |

**做法**

1. 白萝卜去皮、切薄片，用1小匙盐抓软后，再洗掉盐分备用。
2. 猪瘦肉洗净切片，用腌料腌约10分钟至入味取出，过油备用。
3. 锅内加入少许油，爆香蒜片、葱段，加入辣椒片、白萝卜片、2大匙水拌炒。
4. 续加入腌渍的猪肉片，最后以盐、胡椒粉、鸡粉调味，起锅前淋入香油即可。

# 胡萝卜炒蛋

**材料**

胡萝卜　1/2根
鸡蛋　3个

**调料**

盐　1小匙
鸡粉　少许
酱油　1小匙

**做法**

1. 胡萝卜洗净去皮切丝，用1小匙酱油腌渍约5分钟备用。
2. 鸡蛋打散成蛋液，放入热油锅中炒散盛起，备用。
3. 原锅放油少许，炒香腌渍的胡萝卜丝后，加入炒好的鸡蛋，炒匀后加入盐、鸡粉调味即可。

# 蟹腿烩萝卜块

**材料**

| | |
|---|---|
| 蟹腿肉 | 200克 |
| 白萝卜 | 200克 |
| 胡萝卜 | 200克 |
| 蒜头 | 2瓣 |

**调料**

| | |
|---|---|
| 水淀粉 | 1小匙 |
| 盐 | 1小匙 |

**腌料**

| | |
|---|---|
| 料酒 | 大匙 |
| 盐 | 少许 |
| 淀粉 | 1小匙 |

**做法**

1. 蟹腿肉加入所有腌料抓匀，腌渍约15分钟，再放入滚水中汆烫至熟、捞出沥干水分，备用。
2. 蒜瓣洗净切末；胡萝卜、白萝卜分别洗净、削皮、切块状，备用。
3. 起一炒锅，热锅后加入少许食用油，放入蒜末爆香，接着加入胡萝卜块、白萝卜块拌炒，再加水盖过材料，煮至萝卜熟透。
4. 续于锅中加入汆熟的蟹腿肉拌炒匀，最后再以盐调味，水淀粉勾薄芡即可。

# 胡萝卜炒豆腐

**材料**

胡萝卜 1/2根
蟹肉棒 2根
豆腐 100克
姜末 1/2小匙
葱末 1/2小匙
水 100毫升

**调料**

盐 1/2小匙
水淀粉 1大匙
香油 少许

**做法**

1. 胡萝卜洗净去皮，用小刀从表面刮出胡萝卜泥约5大匙备用。
2. 将蟹肉棒斜刀切成四等份；豆腐切四方丁备用。
3. 热锅，加入食用油，放入姜末和葱末拌炒，再放入胡萝卜泥，以小火炒约3分钟后，加入水、豆腐丁、盐和香油，煮约2分钟后加入蟹肉棒，并用水淀粉勾芡即可。

**烹饪小秘方**

蟹黄豆腐鲜嫩味美，不过一大盘的蟹黄不便宜，不如利用胡萝卜泥加上蟹肉棒的味道，也能做出几乎一样味道的蟹黄豆腐。

# 葱油萝卜丝

**材料**

葱　20克
白萝卜　100克
红辣椒丝　5克

**调料**

A
盐　1/2小匙

B
糖　1/2小匙
盐　1/4小匙
香油　1小匙

**做法**

1. 白萝卜去皮洗净，切丝，用调料A的盐抓匀腌渍3分钟后，冲水约3分钟，沥干水分备用。
2. 葱切细，置于碗中；将食用油烧热至约120℃，冲入葱花中拌匀成葱油。
3. 将白萝卜丝、葱油、红辣椒丝加调料B，一起拌匀即可。

PART 8

# 苦瓜 Balsam pear

滋味又甘又苦的苦瓜，是夏天常见的瓜类蔬菜，不但可以煮汤、热炒、凉拌，也可以腌渍，甚至可以打成蔬菜汁，可以说是运用广泛的蔬菜。不过由于带有苦味，许多人避之唯恐不及，其实苦瓜的苦味最重的部位就是籽与内部的白膜，所以一定要将白膜与籽去除干净，就可以减少苦味。此外切好的苦瓜放入沸水中汆烫一会儿再浸泡冷水，让苦味释放也是不错的方式。

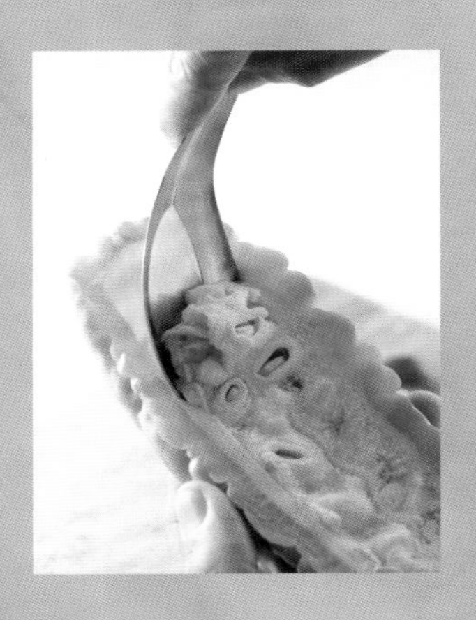

# 吻仔鱼炒苦瓜

**材料**

| | |
|---|---|
| 吻仔鱼 | 50克 |
| 苦瓜 | 300克 |
| 辣椒末 | 10克 |
| 葱末 | 10克 |
| 蒜末 | 10克 |

**调料**

| | |
|---|---|
| 盐 | 1/2小匙 |
| 料酒 | 1大匙 |
| 鸡粉 | 少许 |
| 香油 | 少许 |
| 白胡椒粉 | 少许 |

**做法**

1. 苦瓜洗净去籽，刮除内侧白膜后切片，切片后放入沸水中汆烫一下，取出沥干水分；吻仔鱼稍微洗净，备用。
2. 热锅，倒入适量的油，放入辣椒末、葱末、蒜末爆香。
3. 加入吻仔鱼炒香，再加入苦瓜片以及所有调料炒匀即可。

**烹饪小秘方**

苦瓜特有的苦味让许多人都对苦瓜敬而远之，其实真正苦的部分是苦瓜籽与内部的白膜，只要仔细去除这些部分，再经过汆烫的步骤，就可以去除苦瓜大部分的苦味。

# 和风炒苦瓜

**材料**

| | |
|---|---|
| 苦瓜 | 250克 |
| 老豆腐 | 1块 |
| 鲜木耳丝 | 30克 |
| 鸡蛋 | 1个 |
| 蒜末 | 10克 |
| 柴鱼片 | 适量 |
| 辣椒丝 | 少许 |

**调料**

| | |
|---|---|
| 盐 | 1/4小匙 |
| 味啉 | 1大匙 |
| 鸡粉 | 少许 |

**做法**

1. 苦瓜洗净去籽，刮除内侧白膜后切片，切片后放入沸水中汆烫一下；鸡蛋打散成蛋液；老豆腐切片，备用。
2. 热锅，倒入适量的油，放入蒜末、辣椒丝爆香，加入鲜木耳丝、老豆腐片及苦瓜片炒匀。
3. 加入所有调料炒匀，淋上备好的蛋液炒熟，起锅前撒上柴鱼片即可。

# 菠萝炒苦瓜

**材料**

菠萝 60克
白苦瓜 50克
青苦瓜 150克
姜末 10克

**调料**

盐 1/4小匙
糖 少许
鸡粉 少许

**做法**

1. 白苦瓜与青苦瓜分别洗净去籽，刮除内侧白膜后切片，放入沸水中汆烫一下；菠萝去皮切丁，备用。
2. 热锅，倒入适量的油，放入姜末爆香，再放入汆烫的苦瓜片及菠萝丁炒匀。
3. 再加入所有调料拌匀即可。（利用菠萝的酸甜风味来降低苦瓜的苦味，也是一种让苦瓜变好吃的方式。）

**烹饪小秘方**

如果在调料中加入点糖，也能改善苦瓜的苦味，但是不宜加太多，以免太甜而破坏苦瓜原有的滋味。

# 覆菜肉丝炒苦瓜

**材料**

覆菜 30克
猪肉丝 100克
白苦瓜 400克
蒜末 10克
姜末 10克
辣椒丝 适量

**调料**

水 50毫升
盐 1/4小匙
糖 1/2小匙
鸡粉 少许
料酒 1大匙

**做法**

1. 白苦瓜洗净去籽，刮除内侧白膜后切大片，放入热油锅中过油一下；覆菜略清洗后再切丁，备用。
2. 热锅，倒入少量的油，放入姜末、蒜末爆香，再放入猪肉丝炒至颜色变白。
3. 加入覆菜丁炒匀，加入苦瓜片、辣椒丝拌炒均匀。
4. 加入所有调料炒至入味即可。

**烹饪小秘方**

苦瓜再过油之后苦味会变淡，容易煮入味，此外覆菜是腌渍过的，已经带有咸味，因此在调味的时候，盐千万不要放太多，以免过咸。

# 破布子炒苦瓜

**材料**

| | |
|---|---|
| 破布子 | 40克 |
| 白苦瓜 | 350克 |
| 蒜末 | 10克 |
| 葱末 | 10克 |
| 辣椒末 | 10克 |

**调料**

| | |
|---|---|
| 破布子汤汁 | 1/2大匙 |
| 糖 | 1/2大匙 |
| 水 | 2大匙 |
| 香油 | 少许 |

**做法**

1. 白苦瓜洗净去籽，刮除内侧白膜后切丁，放入沸水中汆烫一下备用。
2. 热锅，倒入少量的油，加入蒜末、葱末及辣椒末爆香。
3. 再放入汆烫好的苦瓜丁，破布子及所有调料拌炒入味即可。

**烹饪小秘方**

破布子的汤汁已经调味过，带有咸味与破布子的特殊风味，因此直接用破布子的汤汁来代替盐调味，使苦瓜吃起来会有甘甜浓厚的滋味。

# 淇淋苦瓜

**材料**

麦淇淋　10克
苦瓜　150克
小鱼干　20克
葱　10克
蒜头　10克
辣椒　10克
淀粉　适量

**调料**

盐　1/2小匙
白胡椒粉　1/2小匙

**做法**

1. 苦瓜洗净沥干水分后，先去籽去白膜，再切成约5厘米的长条片状；小鱼干略冲水后沥干水分；葱、蒜头、辣椒洗净沥干水分，切末备用。
2. 取苦瓜片蘸裹上适量的淀粉后备用。
3. 取锅，倒入200毫升的油以中火加热至120℃后，放入裹上淀粉的苦瓜炸约3分钟至干后，捞起沥油备用。
4. 续将小鱼干放入油锅中，略炸至香味逸出，再捞起沥油备用。
5. 取锅，加入麦淇淋和葱末、蒜末、辣椒末炒香后，再放入已过油的苦瓜片、小鱼干和所有调料略炒匀即可盛盘。

# 豆豉炒苦瓜

**材料**

豆豉　1大匙
苦瓜　1条
嫩姜丝　1大匙

**调料**

酱油　1大匙

**做法**

1. 苦瓜洗净，擦干水分并切去头尾，横剖去籽，切成大小一致的块状备用。
2. 热锅，放入食用油以中火烧热至175℃，放入苦瓜块炸约2~3分钟，捞起沥干油分。
3. 在油锅里留约1小匙的食用油，先将嫩姜丝炒香，加入豆豉及酱油，最后放入炸过的苦瓜拌匀即可。

# 皮蛋炒苦瓜

## 材料

| | |
|---|---|
| 皮蛋 | 1个 |
| 苦瓜 | 1/2条 |
| 蒜头 | 2瓣 |
| 猪肉馅 | 180克 |
| 辣椒 | 1/2个 |

## 调料

| | |
|---|---|
| 盐 | 1小匙 |
| 胡椒粉 | 少许 |
| 香油 | 1小匙 |
| 糖 | 1小匙 |
| 鸡粉 | 1小匙 |

## 做法

1. 先将苦瓜对切，去籽、刮除白膜，切成小条状备用。
2. 将苦瓜条放入加有少许糖的滚水中汆烫后，捞起泡冰水，再滤干备用。
3. 皮蛋切碎；蒜头、辣椒切片，备用。
4. 起一个平底锅，倒入适量食用油，先放入蒜片、辣椒炒香，再放入猪肉馅炒散，放入皮蛋碎、苦瓜大火快炒，最后加入所有调料拌炒均匀即可。

**烹饪小秘方**

汆烫苦瓜的水中要放入少许糖压味，汆烫好再放入冰水里面冰镇后再烹饪，就能去掉苦瓜大部分的苦味！

# 咸蛋炒苦瓜

**材料**

| | |
|---|---|
| 咸蛋 | 2个 |
| 苦瓜 | 350克 |
| 蒜末 | 10克 |
| 辣椒末 | 10克 |
| 小葱末 | 10克 |

**调料**

| | |
|---|---|
| 盐 | 少许 |
| 糖 | 1/4小匙 |
| 鸡粉 | 1/4小匙 |
| 料酒 | 1/2大匙 |

**做法**

1. 苦瓜洗净去头尾，剖开挖掉白膜，去籽切片，放入滚水中略汆烫后捞出，冲水沥干水分；咸蛋去壳切小片，备用。
2. 取锅，加入2大匙油烧热，先放入蒜末和咸蛋片爆香。
3. 续于锅中加入辣椒末、葱末与汆烫过的苦瓜片拌炒，最后再加入所有调料拌炒至入味即可。

# PART 9

# 茄子 Eggplant

外表呈现鲜艳深紫色的茄子可是营养丰富、非常健康的蔬菜，茄子依照产地、品种的不同，有最常见的长条形茄子，还有蛋形、圆形等等，颜色上也有白色、黄色的，品种丰富。以往只吃得到长条形茄子，现在各种品种的茄子都可以买得到。基本上长条形的茄子口感较软，而圆形、蛋形的口感会比较扎实点。茄子在烹饪时切开很快就会变黑，可以将切好的茄子浸泡在稀释约5倍的盐水中，这样就可以减缓变黑的速度。此外若想让茄子在烹煮后的外皮还是呈现鲜艳的紫色，可以放入油锅中过油再烹饪，这样可以保持茄子鲜艳的颜色。

# 鱼香茄子

**材料**

| | |
|---|---|
| 茄子 | 300克 |
| 猪肉馅 | 100克 |
| 姜末 | 10克 |
| 蒜末 | 10克 |
| 辣椒末 | 10克 |
| 葱花 | 适量 |
| 水淀粉 | 少许 |

**调料**

| | |
|---|---|
| 辣豆瓣酱 | 2大匙 |
| 料酒 | 1大匙 |
| 陈醋 | 1小匙 |
| 酱油 | 少许 |
| 糖 | 少许 |
| 水 | 3大匙 |

**做法**

1. 茄子洗净后切段备用。
2. 锅中放入油，蒜末、姜末、辣椒末爆香，再放入猪肉馅炒至变色，放入辣豆瓣酱炒香。
3. 放入茄子段炒匀，加入其余调料及葱末炒入味，以水淀粉勾芡即可。

**烹饪小秘方**

想要让茄子炒过后还是呈现漂亮的亮紫色，在炒之前可先经过炸的处理。茄子在炸过后，表皮的颜色会更鲜艳，经过其他烹炒程序也可以维持亮紫色，而且茄子白色肉的部分也不容易氧化变黑，让菜肴看起来更美味。

# 酱爆茄子

**材料**

| | |
|---|---|
| 茄子 | 350克 |
| 猪肉丝 | 80克 |
| 蒜末 | 10克 |
| 蒜苗片 | 30克 |
| 辣椒片 | 15克 |

**调料**

| | |
|---|---|
| 豆瓣酱 | 1大匙 |
| 酱油 | 1小匙 |
| 料酒 | 1大匙 |
| 香油 | 少许 |
| 糖 | 1/2小匙 |

**做法**

1. 茄子洗净后切段；热油锅，倒入较多的油，待油温热至160℃，放入茄子段炸至微软，再放入蒜苗片、辣椒片过油后，一起取出沥油备用。
2. 锅中留少许油，放入蒜末爆香，再放入猪肉丝炒至变色，放入豆瓣酱炒香。
3. 放入过油的茄子、蒜苗片、辣椒片，和其余调料炒至入味即可。

**烹饪小秘方**

茄子如果切好没有马上入锅炒，可以先浸泡盐水，防止其氧化变黑，但是如果要事先过油，因为过油也可以防止氧化，就不需要先泡水，以免入油锅时产生油爆现象。

# 羊肉辣炒茄子

**材料**

| | |
|---|---|
| 羊肉片 | 100克 |
| 圆茄 | 350克 |
| 姜末 | 10克 |
| 蒜末 | 10克 |
| 辣椒片 | 10克 |
| 罗勒叶 | 适量 |

**调料**

| | |
|---|---|
| 糖 | 1/4小匙 |
| 水 | 2大匙 |
| 鱼露 | 1大匙 |
| 鸡粉 | 1/2大匙 |
| 料酒 | 少许 |
| 辣椒酱 | 1大匙 |

**做法**

1. 圆茄洗净后切圆片；热油锅，倒入较多的油，待油温热至160℃，放入茄子片炸至微软，取出沥油备用。
2. 锅中留少许油，放入蒜末、姜末及辣椒片爆香，再放入羊肉片炒至变色。
3. 加入炸软的茄片、罗勒叶与所有调料拌炒入味即可。

**烹饪小秘方**

鱼露分两种，一种是南洋风味的鱼露，另一种是韩式风味的鱼露。这道菜比较适合南洋风味的，使用了南洋风味的鱼露，整道菜就有南洋味了，不过记得鱼露非常咸，千万不要再加盐。

# 塔香茄子

**材料**

茄子　500克
罗勒叶　30克
蒜片　10克
姜末　10克
辣椒片　10克

**调料**

盐　1/4小匙
鸡粉　少许
糖　少许
蚝油　1小匙

**做法**

1. 茄子洗净，去蒂头并切成段状；罗勒洗净取嫩叶部分备用。
2. 热锅，加入适量食用油，放入茄子段，以160℃油温将茄子炸至微软后，捞出沥油备用。
3. 另取锅，加入少量食用油，放入蒜片、姜末、辣椒片爆香后，加入茄子、所有调料拌炒，最后放入罗勒叶炒至入味即可。

# 豆豉茄子

**材料**

| | |
|---|---|
| 茄子 | 2条（约350克） |
| 罗勒叶 | 20克 |
| 辣椒 | 10克 |
| 姜 | 10克 |
| 葵花籽油 | 1大匙 |
| 水 | 150毫升 |

**调料**

| | |
|---|---|
| 豆豉 | 20克 |
| 糖 | 1/2小匙 |
| 盐 | 少许 |
| 味精 | 少许 |

**做法**

1. 罗勒取嫩叶洗净；辣椒、姜洗净切片，备用。
2. 茄子洗净去头尾、切段；热油锅至油温约160℃，放入茄子段炸至微软后捞出，沥油备用。
3. 热锅倒入葵花籽油，爆香姜片，放入豆豉炒香，再放入辣椒片和过油的茄子段拌炒。
4. 续于锅中放入其余调料和水拌炒均匀，再放入罗勒叶炒至入味即可。

# 西红柿炒茄子

**材料**

西红柿　50克
茄子　150克
青辣椒　1个
姜　10克
橄榄油　1小匙

**调料**

酱油　1小匙
陈醋　1小匙
糖　1/2大匙
盐　1/4小匙

**做法**

1. 西红柿洗净切丁；青辣椒洗净切丁；姜洗净切片；茄子洗净切条汆烫备用。
2. 取一不粘锅放油后，爆香姜片、辣椒丁。
3. 放入西红柿丁、茄子略拌后，加入所有调料煮至收汁即可盛盘。

# 泰式炒茄子

**材料**

茄子　300克
辣椒片　1/4小匙
蒜末　1/4小匙
香菜碎　1小匙

**调料**

鱼露　1大匙
料酒　1/2大匙
椰糖　1/2大匙

**做法**

1. 茄子洗净，切成长段后切条，放入热油锅中以中火略炸至变色，捞出沥干油脂，备用。
2. 另起锅，倒入适量油烧热，放入辣椒片、蒜末以小火炒出香味，再加入过油的茄子条和所有调料拌炒均匀，最后加入香菜碎拌炒数下即可。

# 客家炒茄子

**材料**

| | |
|---|---|
| 茄子 | 300克 |
| 罗勒叶 | 30克 |
| 猪肉馅 | 50克 |
| 蒜头（切末） | 10瓣 |
| 葱（切花） | 2棵 |
| 姜（切末） | 10克 |

**调料**

| | |
|---|---|
| 糖 | 1.5大匙 |
| 盐 | 1小匙 |
| 味精 | 1小匙 |
| 酱油 | 1大匙 |
| 辣椒酱 | 2大匙 |

**做法**

1. 茄子洗净后，去头尾，切滚刀块，放入150℃油锅油炸约1分钟备用。
2. 罗勒叶洗净备用。
3. 起油锅，爆香葱、姜，蒜片及辣椒酱，加入猪肉馅炒散，倒入过油的茄子拌炒，再加入其他调料快速翻炒数下，起锅前放入罗勒叶略炒即可起锅。

# 三杯茄子

### 材料

| | |
|---|---|
| 茄子 | 200克 |
| 罗勒叶 | 15~20克 |
| 香油 | 2大匙 |
| 姜片 | 4片 |
| 辣椒 | 1个 |
| 葱 | 20克 |
| 炸过的蒜头 | 6瓣 |

### 调料

| | |
|---|---|
| 蔬菜用三杯酱汁 | 2大匙 |

### 做法

1. 茄子洗净、切成长约1.5厘米小段；辣椒、葱切洗净，段，备用。
2. 将茄子放入六分满150℃的油锅中，以大火炸至白色部分呈金黄色即可捞起。
3. 另热一锅，加入香油，放入姜片，至姜片呈卷曲状，再放入备好的辣椒段、葱段、蒜瓣和蔬菜用三杯酱汁拌炒均匀。
4. 放入炸过的茄子拌炒，在收汁前，加入罗勒叶拌炒即可。

**烹饪小秘方**

蔬菜用三杯酱汁

材料：

料酒1杯、糖1/2杯、陈醋1/4杯、酱油1杯、肉桂粉1/4小匙、甘草粉1小匙、鸡精粉1大匙、西红柿汁2大匙、辣豆瓣酱1/2杯、白胡椒粉1小匙

做法：

将所有材料混合均匀至糖溶化即可。

PART 10

# 上海青 Bok choy

上海青也是白菜一族的，但是从外表与味道完全感觉不出来。上海青一直是中式菜品中的好配角，任何大鱼大肉搭上点烫好的上海青，马上显得更加可口丰盛。其实上海青除了是个好配角，适当烹调后也是个能上得了台面的主角。上海青由于耐煮，因此适合的烹调方式不少，但是带有较重的草涩味，就比较不适合用来做凉拌。上海青的菜梗都是好几片交错重叠一起，在烹调之前记得先将上海青梗的尾端切开，上海青就会一瓣瓣分离，也方便清洗里面堆积的灰尘。

# 香油上海青炒鸡片

**材料**

香油　3大匙
上海青　250克
鸡肉　150克
姜丝　20克
枸杞子　适量

**调料**

盐　1/4小匙
料酒　1大匙
鸡粉　少许

**做法**

1. 上海青切除蒂头后洗净；鸡肉切片，备用；枸杞子浸泡。
2. 热锅，倒入香油，加入姜丝爆香，放入鸡肉片炒至变白。
3. 加入上海青、枸杞子及所有调料炒匀即可。

**烹饪小秘方**

上海青呈现层层包覆的形态，叶里面会积有沙土灰尘，如果没有分开很难清洗干净，最简单的方式就是将蒂头切除，这样就能轻易分开上海青了。

# 上海青双菇炒豆腐

**材料**

上海青　150克
鲜香菇　50克
秀珍菇　50克
老豆腐　1大块
辣椒片　15克
蒜末　10克

**调料**

盐　1/2小匙
鸡粉　少许

**做法**

1. 上海青仔细洗净；鲜香菇、秀珍菇洗净，切小片，备用。
2. 老豆腐切小块，放入油温160℃的油锅中炸至金黄色，取出沥油备用。
3. 原锅中留少许油，放入蒜末、辣椒片爆香，再加入香菇、秀珍菇炒香，加入上海青炒匀。
4. 加入炸好的老豆腐及所有调料炒匀即可。

# 香菇炒上海青

**材料**

| | |
|---|---|
| 香菇 | 2朵 |
| 上海青 | 120克 |
| 猪五花肉 | 30克 |
| 蒜头 | 1瓣 |

**调料**

| | |
|---|---|
| 香油 | 1小匙 |
| 盐 | 少许 |
| 胡椒粉 | 少许 |
| 水 | 100毫升 |

**做法**

1. 先将上海青一片片剥开洗净，切成段状，再泡入冰水里面冰镇备用。
2. 将香菇、蒜头洗净切片；猪五花肉切丝备用。
3. 起一个平底锅，倒入适量食用油，先将做法2的所有材料一起加入锅中翻炒爆香，转大火，放入上海青及所有调料一起翻炒，盖上盖子焖20秒即可起锅。

**烹饪小秘方**

先将上海青洗净，切去尾端蒂部后，切段状，再放入冰水中冰镇15分钟，可以让上海青保有脆度，并且可以锁住甜味。

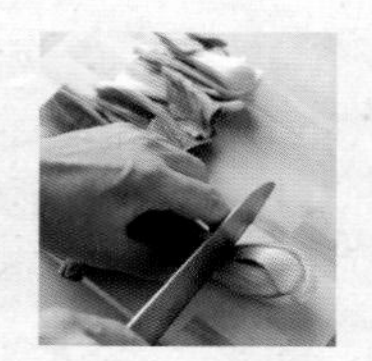

# 虾仁炒上海青

**材料**

| | |
|---|---|
| 虾仁 | 100克 |
| 上海青 | 200克 |
| 冬笋 | 30克 |
| 鲜木耳 | 15克 |
| 胡萝卜 | 15克 |
| 葱段 | 10克 |
| 蒜片 | 10克 |
| 水淀粉 | 适量 |

**调料**

| | |
|---|---|
| 盐 | 1/2小匙 |
| 鸡粉 | 少许 |
| 陈醋 | 少许 |

**做法**

1. 上海青仔细洗净；鲜木耳、胡萝卜、冬笋洗净切小片；虾仁去肠泥后汆烫至熟，备用。
2. 热锅，倒入适量的油，放入蒜片、葱段爆香，加入虾仁、木耳片、胡萝卜片、冬笋片炒匀。
3. 加入上海青炒匀后，加入所有调料炒入味，以水淀粉勾芡即可。

**烹饪小秘方**

如果喜欢吃上海青的清脆口感，可以在洗净后浸泡冰水片刻，再入锅拌炒，这样炒好的上海青就会非常鲜脆。

# 咸蛋炒上海青

**材料**

熟咸蛋　2个
上海青　300克
辣椒丝　适量
蒜末　10克

**调料**

盐　少许
鸡粉　少许
料酒　1小匙

**做法**

1. 上海青切除蒂头后洗净，切小段；熟咸蛋剥开，将蛋黄与蛋白分别取出，分别剁碎，备用。
2. 热锅，倒入适量的油，放入蒜末与做法1的咸蛋黄碎，拌炒至蛋黄冒泡，加入辣椒丝与上海青炒匀。
3. 加入咸蛋白碎与所有调料炒匀即可。

**烹饪小秘方**

热炒用的咸蛋要选熟的咸蛋比较方便，如果只有生的咸蛋可以事先蒸熟或烫熟再使用，而在调料中加点料酒可以减少咸蛋的蛋腥味，而且使上海青风味也会更好。

# 炸豆腐炒上海青

**材料**

| | |
|---|---|
| 豆腐 | 150克 |
| 上海青 | 200克 |
| 蒜头 | 2瓣 |
| 橄榄油 | 1小匙 |

**调料**

| | |
|---|---|
| 盐 | 1/2小匙 |

**做法**

1. 豆腐买回来后洗净沥干水分，用少量盐腌渍入味。
2. 用刀将豆腐切成小长块，待用；上海清洗净、切断；蒜头洗净切末。
3. 起锅，热锅油热后放入切好的豆腐块。
4. 中火将豆腐在油锅中炸至四面金黄，出锅前改大火逼出油分，捞出沥干油，晾凉了装盘。
5. 锅内放入适量油，加入蒜末爆香，加入上海青翻炒片刻，再加入炸豆腐入盐调味即可。

# 胡萝卜丝炒上海青

**材料**

胡萝卜　150克
上海青　250克
蒜头　2瓣
姜　20克

**调料**

盐　1/4小匙
糖　1/4小匙
水　5大匙

**做法**

1. 蒜头剥皮洗净切丝；姜洗净削皮切丝，备用。
2. 上海青洗净去蒂头，再对切去尾叶；胡萝卜洗净削皮，切丝备用。
3. 炒锅放入3大匙食用油，以中火爆香蒜丝、姜丝后将火关小，再放入上海青、胡萝卜丝和所有调料炒熟即可。

**烹饪小秘方**

炒菜时为避免锅中着火，放入材料时须先将火关小。

PART 11

# 玉米

## Sweet corn

玉米一般分成白、黄、紫三种玉米，挑选时要注意玉米颗粒的颜色最好一致，颗粒要圆润饱满，若有凹陷的就表示已经采收存放一段时间，玉米的甜味就会降低，颜色深浅交错的也不建议选购，但有种紫玉米，常见玉米颗粒紫黄交错，那是例外。市面上有包外叶的玉米，可以掀开看一下玉米须，选褐色、深色的须，须少的玉米比较嫩，外叶颜色越绿越新鲜，吃起来会较甜。

玉米保存方式则是最好不要先碰水及不去掉外叶，玉米须最好可以拔除，免得吸收玉米养分，放在通风处大概可保存2~3天。新鲜玉米削下来的玉米粒比起罐头玉米粒更有口感且鲜甜。

# 玉米笋炒千页豆腐

**材料**

| | |
|---|---|
| 玉米笋 | 150克 |
| 千页豆腐 | 120克 |
| 小黄瓜 | 50克 |
| 葱段 | 10克 |
| 蒜末 | 10克 |
| 圣女果 | 30克 |
| 鲜木耳 | 25克 |

**调料**

| | |
|---|---|
| 盐 | 1/4小匙 |
| 鸡粉 | 少许 |
| 香油 | 少许 |
| 白胡椒粉 | 少许 |

**做法**

1. 玉米笋洗净、切段，放入沸水中汆烫一下；鲜木耳洗净切小片；圣女果洗净对切；小黄瓜洗净切小块；千页豆腐切三角片状，备用。
2. 热锅，倒入适量的油，放入蒜末、葱段爆香，加入处理过的玉米笋、鲜木耳、小黄瓜拌炒均匀。
3. 加入千页豆腐、圣女果炒匀，加入所有调料拌炒入味即可。

**烹饪小秘方**

玉米笋在拌炒前先烫过，口感会更清脆，本身带有的青涩味也会消失，变成鲜甜的口感。

# 玉米笋炒百菇

**材料**

| | |
|---|---|
| 玉米笋 | 100克 |
| 鲜香菇 | 50克 |
| 蟹味菇 | 40克 |
| 秀珍菇 | 40克 |
| 豌豆角 | 40克 |
| 胡萝卜 | 20克 |
| 蒜片 | 10克 |

**调料**

| | |
|---|---|
| 盐 | 1/4小匙 |
| 料酒 | 1小匙 |
| 鸡粉 | 少许 |
| 香油 | 少许 |

**做法**

1. 玉米笋切段后放入沸水中汆烫一下；鲜香菇洗净切片；蟹味菇去蒂头，洗净备用；豌豆角去头尾及两侧粗丝，洗净备用；胡萝卜去皮切片，备用。
2. 热锅，倒入适量的油，放入蒜片爆香，加入所有菇类与胡萝卜片炒匀。
3. 加入豌豆角及玉米笋炒匀，再加入所有调料炒至入味即可。

# 玉米滑蛋

**材料**

| | |
|---|---|
| 玉米粒 | 150克 |
| 鸡蛋 | 4个 |
| 洋葱丁 | 40克 |
| 蒜末 | 10克 |
| 葱末 | 10克 |
| 青豆仁 | 适量 |
| 玉米粉 | 适量 |

**调料**

| | |
|---|---|
| 盐 | 1/4小匙 |
| 料酒 | 1小匙 |
| 鸡粉 | 少许 |
| 白胡椒粉 | 少许 |

**做法**

1. 鸡蛋打散成蛋液，加入玉米粉、料酒拌匀备用。
2. 热锅，倒入适量的油，放入蒜末、葱末、洋葱丁爆香，加入玉米粒炒匀。
3. 加入青豆仁、盐、鸡粉和白胡椒粉炒一下，再加入蛋液拌匀即可。

**烹饪小秘方**

如果喜欢吃鲜嫩一点的蛋，就缩短拌炒的时间，让蛋液还是半熟的状态就熄火盛盘，菜的余温使蛋液再稍微熟一点，这样的蛋就会比较鲜嫩。

# 玉米烩娃娃菜

**材料**

| | |
|---|---|
| 玉米粒 | 150克 |
| 娃娃菜 | 200克 |
| 蟹味菇 | 适量 |
| 红甜椒丁 | 适量 |
| 蒜末 | 适量 |
| 水淀粉 | 适量 |
| 水 | 150毫升 |

**调料**

| | |
|---|---|
| 盐 | 1/4小匙 |
| 蚝油 | 少许 |
| 鸡粉 | 少许 |
| 陈醋 | 少许 |
| 香油 | 少许 |

**做法**

1. 娃娃菜洗净，放入沸水中汆烫至熟，取出沥干盛盘备用。
2. 热锅，倒入适量的油，放入蒜末爆香，加入玉米粒拌炒约2分钟。
3. 加入蟹味菇、红甜椒丁及水炒匀，加入所有调料煮至入味，以水淀粉勾芡。
4. 将勾芡菜汁淋在盘中的娃娃菜上即可。

**烹饪小秘方**

娃娃菜不适合长时间的炖煮，因此大都是烫熟或是快炒，否则鲜嫩的口感就会被破坏。

# 三杯玉米

**材料**

| | |
|---|---|
| 玉米 | 2根 |
| 水 | 1000毫升 |
| 蒜头 | 6瓣 |
| 辣椒 | 1个 |
| 葱 | 20克 |
| 香油 | 2大匙 |
| 姜片 | 10克 |
| 罗勒叶 | 15~20克 |

**调料**

蔬菜用三杯酱汁2大匙
（做法见P100“三杯茄子”）

**做法**

1. 玉米洗净，放入1000毫升滚水中，以中火煮25~30分钟后，捞起；将蒜瓣炸至金黄色，备用。
2. 待煮熟的玉米冷却后，切成段状；辣椒、葱洗净切段，备用。
3. 另热一锅，加入香油，放入姜片炒香，至姜片成卷曲状，再放入辣椒段、葱段、炸酥的蒜头和三杯酱汁拌炒均匀。
4. 锅中加入玉米段拌炒，在收汁前，加入罗勒叶拌炒即可。

# 炒素鸡米

**材料**

| | |
|---|---|
| 面肠 | 150克 |
| 胡萝卜 | 150克 |
| 玉米粒 | 150克 |
| 鲜香菇 | 3朵 |
| 青豆仁 | 150克 |
| 姜 | 5克 |
| 葵花籽油 | 2大匙 |

**调料**

| | |
|---|---|
| 盐 | 1/2小匙 |
| 糖 | 少许 |
| 香菇粉 | 少许 |
| 胡椒粉 | 少许 |

**做法**

1. 面肠、胡萝卜、鲜香菇洗净切丁；姜洗净切末。
2. 取胡萝卜丁、玉米粒、青豆仁放入滚水中快速汆烫，捞出沥干水分，备用。
3. 热锅倒入葵花籽油，爆香姜末，放入鲜香菇丁、面肠丁炒香。
4. 续于锅中放入烫过的胡萝卜丁、玉米粒、青豆仁拌匀，再加入所有调料炒至入味即可。

# 咖喱玉米笋炒羊肉

**材料**

| | |
|---|---|
| 玉米笋 | 60克 |
| 羊肉片 | 200克 |
| 洋葱 | 50克 |
| 蒜头 | 2瓣 |
| 红辣椒 | 1个 |
| 西蓝花 | 60克 |

**调料**

| | |
|---|---|
| 咖喱粉 | 1大匙 |
| 郁金香粉 | 少许 |
| 盐 | 1/2小匙 |
| 糖 | 1/3小匙 |

**腌料**

| | |
|---|---|
| 酱油 | 少许 |
| 料酒 | 1小匙 |
| 淀粉 | 少许 |

**做法**

1. 羊肉片加入腌料抓匀略腌，备用。
2. 洋葱洗净，切块；蒜瓣、红辣椒洗净，切末；玉米笋、西蓝花放入滚水中汆烫熟。
3. 热锅，加入1大匙油烧热，先放入蒜末、洋葱块、红辣椒末爆香，再加入咖喱粉、郁金香粉炒香，续放入腌好的羊肉片炒散，再加入盐、糖煮开，最后加入玉米笋及西蓝花拌炒均匀即可。

# PART 12

# 蘑菇 Mushroom

食用菌在中国进入餐桌的历史非常悠久，是蔬中珍品，通称为蘑菇。中国已知的食用菌有350多种，常见的有：香菇、草菇、口蘑、杏鲍菇和牛肝菌等。蘑菇营养丰富、味道鲜美，含有大量氨基酸，又含丰富的膳食纤维，具有通便排毒，提高免疫力等功效。

蘑菇吃起来鲜美可口，但保存起来却很不容易，其实只要记住一个原则就行：蘑菇最怕湿。挑选蘑菇的时候，千万不能买太湿的。蘑菇在采收前一天都不能浇水，以保持干燥。蘑菇的吸水性很强，淋水可加重蘑菇的重量，所以有的商贩为了获得更大利润，会给蘑菇淋水。因此，购买时要用手指轻轻捏一下菌盖，如果出现滴水，说明含水太多，建议不要购买。

买回来的蘑菇也不要立即放入冰箱，想让蘑菇储存得久一些，要先在阴凉处摊开，稍微晾干后再放入冰箱保存。

# 干锅茶树菇

## 材料

| | |
|---|---|
| 茶树菇 | 220 克 |
| 干辣椒 | 3 克 |
| 蒜片 | 10 克 |
| 姜片 | 15 克 |
| 芹菜 | 50 克 |
| 蒜苗 | 60 克 |

## 调料

| | |
|---|---|
| 蚝油 | 1 大匙 |
| 辣豆瓣酱 | 2 大匙 |
| 糖 | 1 大匙 |
| 料酒 | 30毫升 |
| 水 | 80毫升 |
| 水淀粉 | 1 大匙 |
| 香油 | 1 大匙 |

## 做法

1. 茶树菇切去根部，洗净备用；芹菜洗净切小段；蒜苗洗净，切片，备用。
2. 热油锅至约160℃，茶树菇放入油锅炸至干香后起锅，沥油备用。
3. 锅中留少许油，以小火爆香姜片、蒜片、干辣椒，加入辣豆瓣酱炒香。
4. 再加入茶树菇、芹菜及蒜苗片炒匀，放入蚝油、糖、料酒及水，以大火炒至汤汁略收干，以水淀粉勾芡后洒上香油，盛入砂锅即可。

**烹饪小秘方**

茶树菇长着圆柱形菇伞，菇茎细长，因常生于茶树或松树上而得其名。茶树菇集高蛋白、低脂肪、低糖分、保健食疗于一身的纯天然健康保健食用菌，滋味清爽、纤维丰富，有助消化。

# 三杯杏鲍菇

**材料**

| | |
|---|---|
| 杏鲍菇（蒂头） | 200克 |
| 姜 | 1小块 |
| 蒜头 | 3瓣 |
| 罗勒叶 | 1小把 |
| 红辣椒 | 1个 |
| 胡麻油 | 1大匙 |

**调料**

| | |
|---|---|
| 酱油 | 1大匙 |
| 糖 | 1小匙 |
| 水 | 适量 |

**做法**

1. 将杏鲍菇的蒂头洗净、切块；姜洗净切片；蒜头洗净；红辣椒洗净，切片，备用。
2. 取炒锅，倒入胡麻油，先加入姜片，再以中火把姜片煸香。
3. 加入杏鲍菇块与蒜头炒香，放入红辣椒片与所有调料，以中火翻炒均匀。
4. 续以中火略煮至收汁，再加入洗净的罗勒叶，稍微烩煮一下即可。

**烹饪小秘方**

杏鲍菇因为含有丰富的水分，所以入锅烹调前可以先煎炸过，释出水分，这样在烹饪的时候会比较容易吸收入味。

# 姜烧鲜菇

**材料**

| | |
|---|---|
| 姜泥 | 10克 |
| 鲜香菇 | 150克 |
| 玉米 | 100克 |
| 红甜椒 | 1/4个 |
| 猪里脊肉 | 50克 |
| 淀粉 | 适量 |

**调料**

| | |
|---|---|
| 酱油 | 1.5大匙 |
| 料酒 | 1大匙 |
| 味啉 | 1大匙 |

**做法**

❶ 所有调料与姜泥混合均匀；香菇洗净，切片；红甜椒洗净，切片；玉米洗净，切片，备用。

❷ 猪里脊肉切0.2厘米薄片，放入已混合的调料中腌约10分钟，取出沥干，蘸上薄薄的淀粉备用。

❸ 热锅，倒入适量的油，再放入猪里脊肉、鲜香菇、玉米片煎至两面上色，放入腌肉的酱汁炒至充分入味，加入红甜椒片炒匀即可。

# 杏鲍菇炒肉酱

**材料**

杏鲍菇　200克
猪肉馅　200 克
洋葱　50克
小葱碎　10克（切碎）

**调料**

盐　少许
白胡椒粉　少许
黑胡椒粉　少许
酱油　1大匙
糖　1小匙
香油　少许
水　适量

**做法**

❶ 杏鲍菇洗净、切小丁；洋葱洗净，切碎，备用。

❷ 取一支炒锅，加入1大匙食用油烧热，放入猪肉馅与切好的杏鲍菇丁，以中火先炒香，再加入洋葱碎，以中火翻炒均匀。

❸ 续于锅中加入所有调料，再烩炒至所有材料入味，且汤汁略收干。

❹ 最后再加入小葱碎即可。

# 蘑菇烩娃娃菜

**材料**

| | |
|---|---|
| 蘑菇 | 140克 |
| 娃娃菜 | 150克 |
| 白果 | 30克 |
| 猪肉片 | 60克 |
| 蒜片 | 10克 |
| 葱段 | 10克 |
| 胡萝卜片 | 25克 |
| 高汤 | 100毫升 |

**调料**

| | |
|---|---|
| 盐 | 1/4 小匙 |
| 糖 | 1/4小匙 |
| 鸡粉 | 1/4小匙 |
| 水淀粉 | 少许 |

**腌料**

| | |
|---|---|
| 酱油 | 1/4小匙 |
| 料酒 | 1小匙 |
| 淀粉 | 少许 |

**做法**

1. 先将蘑菇、娃娃菜洗净；蘑菇切片、娃娃菜剥成片。
2. 将娃娃菜放入沸水中汆烫后捞起；猪肉片放入腌料，腌渍15分钟后过油捞起备用。
3. 热锅倒入2大匙的油后，依序放入蒜片、葱段炒香。
4. 续放入蘑菇、娃娃菜、猪肉片、胡萝卜和白果拌炒均匀。
5. 最后加入除水淀粉外的所有调料，再加入高汤煮滚后，再以水淀粉勾芡即可。

# 金沙杏鲍菇

**材料**

A

| | |
|---|---|
| 熟咸蛋黄 | 2颗 |
| 杏鲍菇 | 200 克 |
| 葱花 | 1小匙 |
| 红辣椒末 | 1/2小匙 |
| 淀粉 | 适量 |

B

| | |
|---|---|
| 低筋面粉 | 20克 |
| 红薯粉 | 100克 |
| 冷开水 | 150毫升 |
| 食用油 | 1小匙 |

**调料**

| | |
|---|---|
| 盐 | 1/2小匙 |
| 糖 | 1/4小匙 |
| 胡椒粉 | 1/4小匙 |

**做法**

1. 咸蛋黄以汤匙压成泥，备用。
2. 低筋面粉、红薯粉、冷开水先调匀，再加入食用油拌匀，调为面糊。
3. 杏鲍菇洗净，切滚刀块，撒上少许淀粉拌匀，再均匀蘸裹上面糊，放入油锅内炸约3分钟至金黄，捞出沥油。
4. 锅中留1大匙油加热，放入备好的咸蛋黄泥，以小火炒至反沙，再放入葱花、红辣椒末、杏鲍菇及所有调料拌炒匀即可。

# 咸蛋杏鲍菇

**材料**

| | |
|---|---|
| 咸蛋 | 1个 |
| 杏鲍菇 | 150克 |
| 红辣椒末 | 5克 |
| 蒜末 | 5克 |
| 芹菜末 | 5克 |

**调料**

| | |
|---|---|
| 盐 | 1/2小匙 |
| 糖 | 1/2小匙 |

**做法**

❶ 咸蛋切细碎；杏鲍菇洗净，切滚刀块，取一锅烧热后，以干锅状态将杏鲍菇放入烘烤至略焦盛出，备用。

❷ 重新热锅，加入少许食用油，放入咸蛋碎炒香，接着加入红辣椒末、蒜末、芹菜末与杏鲍菇块炒匀。

❸ 锅中加入所有调料炒匀即可。

# 葱爆香菇

**材料**

| | |
|---|---|
| 大葱 | 100克 |
| 鲜香菇 | 150克 |

**调料**

| | |
|---|---|
| 甜面酱 | 1小匙 |
| 酱油 | 1/2大匙 |
| 蚝油 | 1大匙 |
| 味啉 | 1大匙 |
| 水 | 1大匙 |

**做法**

1. 鲜香菇表面划刀，洗净切块状；大葱切5厘米长段；所有调料混合均匀，备用。
2. 热锅，倒入适量的油，放入鲜香菇煎至表面上色后取出，再放入大葱段炒香后取出，备用。
3. 将混合的调料倒入锅中煮沸，放入香菇充分炒至入味，再放入大葱段炒匀即可。

# 盐酥杏鲍菇

**材料**

A

| | |
|---|---|
| 杏鲍菇 | 200克 |
| 葱 | 60克 |
| 红辣椒 | 2个 |
| 蒜头 | 5瓣 |

B

| | |
|---|---|
| 低筋面粉 | 40克 |
| 玉米粉 | 20克 |
| 蛋黄 | 1颗 |
| 冰水 | 75克 |

**调料**

盐　1/4小匙

**做法**

1. 低筋面粉与玉米粉拌匀，加入冰水后迅速拌匀，再加入蛋黄拌匀即成粉浆备用。
2. 杏鲍菇洗净，切小块；葱洗净，切末；红辣椒、蒜头洗净切末，备用。
3. 热油锅至约180℃，杏鲍菇蘸上备好的粉浆后，入油锅以大火炸约1分钟至表皮酥脆，起锅沥油备用。
4. 锅中留少许油，以小火爆香葱花、蒜末、红辣椒末。
5. 再放入炸过的杏鲍菇炒匀，放入盐调味，以大火快速翻炒均匀即可。

**烹饪小秘方**

因为菇类口感较软，且容易吸附汤汁及油脂，直接放入油锅炸的话，口感容易变得软烂且油腻，因此建议菇类要蘸粉浆，再入油锅油炸，这样才能在外面形成一层酥脆的表皮，且不会吸附过多的油脂，吃起来爽口又酥脆。

# 香蒜奶油蘑菇

**材料**

| | |
|---|---|
| 蒜片 | 15克 |
| 蘑菇 | 80克 |
| 红甜椒 | 60克 |
| 黄甜椒 | 40克 |
| 香芹 | 适量 |

**调料**

| | |
|---|---|
| 无盐奶油 | 2大匙 |
| 盐 | 1/4小匙 |
| 白葡萄酒 | 2大匙 |

**做法**

1. 蘑菇洗净切片；红甜椒、黄甜椒洗净，切斜片，备用；香芹切碎。
2. 热锅，放入奶油，再放入蒜片，以小火炒香蒜片。
3. 加入蘑菇片略煎香后，再加入红甜椒、黄甜椒炒匀，最后加入盐及白葡萄酒一起翻炒均匀，撒上香芹碎即可。

**烹饪小秘方**

奶油比起一般食用油更容易焦化，所以在热锅时火候不要太大，风味才会香浓且没有焦味。

# 腐乳蘑菇煲

**材料**

| | |
|---|---|
| 蘑菇 | 160克 |
| 鲜香菇 | 100克 |
| 猪后腿肉 | 200克 |
| 洋葱 | 1/2颗 |
| 蒜头 | 2瓣 |
| 红辣椒 | 1个 |
| 葱段 | 20克（切段） |

**调料**

| | |
|---|---|
| 豆腐乳 | 10克 |
| 糖 | 1小匙 |
| 辣豆瓣酱 | 1小匙 |
| 水 | 适量 |
| 盐 | 少许 |
| 黑胡椒 | 少许 |

**腌料**

| | |
|---|---|
| 香油 | 1小匙 |
| 酱油 | 1小匙 |
| 盐 | 少许 |
| 白胡椒粉 | 少许 |
| 淀粉 | 1大匙 |

**做法**

1. 将蘑菇和鲜香菇洗净、对切；洋葱洗净切小片；蒜头与红辣椒洗净，皆切片，备用。
2. 猪后腿肉切片，放入腌料中抓拌均匀，腌渍约15分钟，再放入油锅中，稍微过油，捞起沥油备用。
3. 取一炒锅，倒入1大匙油烧热，加入蒜片、红辣椒片、洋葱片和蘑菇、鲜香菇以中火先爆香，再加入猪后腿肉片翻炒均匀。
4. 续加入所有调料拌炒均匀，再改以中火略煮至收汁、再撒上葱段拌匀即可。

# PART 13

# 韭菜 Leeks

有人把韭菜称为“洗肠草”，具有健胃、提神、止汗、固涩等功效。韭菜入药的历史可以追溯到春秋战国时期。对于很多人来说，韭菜是让人欢喜让人忧的食物，喜欢它的味道，但又担心吃后肚子会不舒服。

韭菜中的硫化物能帮助人体吸收维生素$B_1$及维生素A，因此韭菜若与维生素$B_1$含量丰富的猪肉类食品搭配炒熟，是比较营养的吃法。

初春时节的韭菜品质最佳，晚秋的次之，夏季的最差，有“春食则香，夏食则臭”之说。

# 韭黄炒牛肚

**材料**

| | |
|---|---|
| 韭黄段 | 100克 |
| 熟牛肚 | 150克 |
| 竹笋丝 | 20克 |
| 红辣椒丝 | 10克 |

**调料**

A

| | |
|---|---|
| 蒜末 | 5克 |
| 酱油 | 1小匙 |
| 白醋 | 1小匙 |
| 料酒 | 1大匙 |

B

| | |
|---|---|
| 酱油 | 适量 |
| 盐 | 适量 |
| 糖 | 适量 |
| 料酒 | 适量 |
| 白胡椒粉 | 适量 |

C

| | |
|---|---|
| 水淀粉 | 1大匙 |
| 香油 | 1小匙 |

**做法**

1. 热一锅，放入切丝的熟牛肚，加入1大匙食用油和调料A炒匀，捞起备用。
2. 另起锅，加1大匙食用油，放入除牛肚外的其余材料爆香，续放入炒好的牛肚丝和调料B炒匀，最后加入水淀粉勾芡，并洒上香油即可。

# 韭菜肉末炒蛋

**材料**

| | |
|---|---|
| 韭菜 | 20 克 |
| 肉末 | 20 克 |
| 鸡蛋 | 2 个 |

**调料**

| | |
|---|---|
| 盐 | 1/4 小匙 |
| 鸡粉 | 1/8 小匙 |
| 胡椒粉 | 1/8 小匙 |

**做法**

1. 韭菜洗净切粒，备用。
2. 鸡蛋打散成蛋液，备用。
3. 热锅，加入1大匙食用油，放入蛋液炒熟盛出，备用。
4. 原锅放入肉末炒至变白，再加入韭菜粒、炒熟的鸡蛋以及所有调料，快速炒匀约1分钟即可。

# 韭黄炒里脊

**材料**

| | |
|---|---|
| 韭黄 | 250克 |
| 猪里脊肉 | 150克 |
| 蒜末 | 10克 |
| 红辣椒 | 10克 |

**调料**

| | |
|---|---|
| 盐 | 1/3小匙 |
| 鸡粉 | 1/2小匙 |
| 料酒 | 1大匙 |
| 水 | 少许 |
| 香油 | 1小匙 |

**腌料**

| | |
|---|---|
| 盐 | 少许 |
| 蛋清 | 1小匙 |
| 淀粉 | 少许 |
| 料酒 | 1大匙 |

**做法**

1. 猪里脊肉洗净切丝，加入腌料拌匀腌渍约5分钟，再放入油锅中过油一下，捞出备用。
2. 韭黄洗净切段，将韭黄头跟韭黄尾分开；红辣椒洗净，切丝，备用。
3. 热一锅，倒入油，放入蒜末爆香，放入韭黄头炒数下，再放入韭黄尾、红辣椒丝、除香油外的调料和猪里脊肉丝， 快炒至韭黄微软，最后淋上香油拌匀即可。

# 韭菜炒猪肝

**材料**

A

| | |
|---|---|
| 韭菜段 | 40克 |
| 猪肝 | 200克 |
| 胡萝卜片 | 10克 |
| 淀粉 | 适量 |

B

| | |
|---|---|
| 酸笋片 | 40克 |
| 姜片 | 10克 |
| 葱段 | 10克 |

**调料**

| | |
|---|---|
| 盐 | 1小匙 |
| 糖 | 1/2小匙 |
| 料酒 | 1大匙 |
| 白胡椒粉 | 少许 |

**做法**

1. 将猪肝洗净切厚片，抓少许淀粉，放入滚水中汆烫捞起备用；韭菜段洗净，备用。
2. 锅烧热，放入少许油，加入材料B炒香。
3. 再放入汆烫的猪肝片、胡萝卜片和所有调料，以大火快炒。
4. 最后再拌入韭菜段略炒即可。

# 韭菜炒猪血

**材料**

| | |
|---|---|
| 韭菜 | 60克 |
| 猪血 | 300克 |
| 酸菜 | 40克 |
| 胡萝卜 | 10克 |
| 葱 | 10克 |
| 姜 | 10克 |

**调料**

| | |
|---|---|
| 酱油 | 1大匙 |
| 糖 | 1/2小匙 |
| 白胡椒粉 | 1/2小匙 |
| 料酒 | 1大匙 |

**做法**

1. 猪血洗净切块；酸菜洗净切片，与猪血一同放入滚水汆烫，捞起备用。
2. 韭菜洗净切段；胡萝卜洗净切片； 葱洗净切段；姜洗净切片，备用。
3. 锅烧热，放入适量油，加入姜片、葱段和胡萝卜片炒香，再放入汆烫的猪血和酸菜。
4. 最后再加入所有调料和韭菜段，快炒均匀即可。

# 韭黄炒牛肉

**材料**

| | |
|---|---|
| 韭黄 | 250 克 |
| 牛肉 | 200 克 |
| 红辣椒 | 10 克 |
| 蒜片 | 10 克 |

**调料**

| | |
|---|---|
| 盐 | 1/4 小匙 |
| 鸡粉 | 少许 |
| 料酒 | 1/2 大匙 |

**腌料**

| | |
|---|---|
| 料酒 | 1 小匙 |
| 蛋液 | 1 大匙 |
| 酱油 | 1/2 小匙 |
| 淀粉 | 少许 |

**做法**

1. 韭黄洗净切段；红辣椒洗净切片，备用。
2. 牛肉洗净切丝，加入所有腌料腌渍约10 分钟，放入油温80℃的油锅中过油至变色，取出沥油备用。
3. 热锅，加入1 大匙油，放入蒜片爆香，再放入韭黄段、红辣椒片炒软。
4. 放入已过油的牛肉丝与所有调料炒匀即可。

# 韭香皮蛋

**材料**

韭菜段　150克
皮蛋　3个
胡萝卜丝　10克
姜丝　10克
红薯粉　适量

**调料**

盐　1小匙
糖　1/4小匙

**做法**

1. 皮蛋放入水中煮熟，对切成四块。
2. 将皮蛋蘸裹适量地瓜粉，放入160℃的油锅中炸成型，捞起备用。
3. 原锅烧热，留少许油，加入姜丝爆香。
4. 再加入皮蛋、胡萝卜丝和韭菜段拌炒。
5. 最后再加入所有调料快炒均匀即可。

# PART 14

# 芹菜 Celery

芹菜有很多种，有水芹、旱芹、西芹等。芹菜富含蛋白质、碳水化合物、胡萝卜素、B族维生素、钙、磷、铁、钠等，叶茎中还含有药效成分，如芹菜苷、佛手苷内酯和挥发油，具有降血压、降血脂、防治动脉粥样硬化的作用；对神经衰弱、月经不调、痛风、肌肉痉挛等也有一定的辅助食疗作用；它还能促进胃液分泌，增加食欲。对于老年人来说，常吃芹菜可刺激胃肠蠕动，利于排便。

芹菜挑选的时候要注意菜梗和菜叶，菜梗不能太长，短而粗壮的为佳；菜叶要挺直、翠绿，枯黄、叶子尖端翘起的芹菜往往放置了很长时间；选购的时候还可以掐一掐芹菜，易折断的为嫩芹菜，不易折的芹菜一般比较老的，不好吃。

# 芹菜炒墨鱼

**材料**

| | |
|---|---|
| 芹菜梗 | 200克 |
| 墨鱼 | 3尾（约1000克） |
| 蒜片 | 6片 |
| 红甜椒片 | 5片 |

**调料**

| | |
|---|---|
| 盐 | 1小匙 |
| 糖 | 1/4小匙 |
| 香油 | $1^1/_2$小匙 |
| 胡椒粉 | 1/4小匙 |

**做法**

1. 墨鱼洗净，先切花刀后，再分切小片状，放入滚水中略汆烫，捞起沥干备用。
2. 芹菜梗洗净，切段状备用。
3. 取锅，加入3大匙油，放入蒜片、红甜椒片和芹菜梗段以大火略炒后，加入墨鱼片和全部调料炒匀即可。

# 荷兰豆芹菜炒腊肉

**材料**

| | |
|---|---|
| 荷兰豆（豌豆荚） | 100克 |
| 芹菜梗 | 200克 |
| 腊肉 | 200克 |
| 红辣椒 | 50克 |
| 蒜片 | 1/4小匙 |
| 水 | 2大匙 |

**调料**

| | |
|---|---|
| 盐 | 1/4小匙 |
| 糖 | 1/2小匙 |

**做法**

1. 腊肉切片，放入热水中浸泡3分钟冲淡咸味，捞起沥干水分。
2. 荷兰豆洗净，摘去蒂头备用；芹菜梗洗净切段；红辣椒洗净，切菱形片，备用。
3. 取锅，加入少许油、蒜片和汆烫过的腊肉片，开小火炒约1分钟后，加入荷兰豆和芹菜梗略翻炒。
4. 接着再加入水、全部的调料和红辣椒片，快炒2分钟即可盛盘。

# 芹菜炒嫩鸡

**材料**

| | |
|---|---|
| 芹菜 | 100克 |
| 鸡胸肉 | 100克 |
| 小葱 | 50克 |
| 蒜头 | 2瓣 |
| 红辣椒 | 1/2个 |

**调料**

| | |
|---|---|
| 香油 | 1小匙 |
| 盐 | 少许 |
| 白胡椒粉 | 少许 |
| 水 | 适量 |
| 料酒 | 1小匙 |

**腌料**

| | |
|---|---|
| 淀粉 | 1大匙 |
| 蛋清 | 1各鸡蛋（取蛋清） |
| 料酒 | 1小匙 |
| 盐 | 少许 |
| 白胡椒粉 | 少许 |
| 香油 | 1小匙 |

**做法**

1. 将鸡胸肉切成片状，加入所有腌料材料腌渍约15 分钟，接着放入滚水中汆烫约2 分钟后，捞出沥干水分，备用。
2. 芹菜、小葱洗净切小段；蒜仁、红辣椒切片，备用。
3. 热一炒锅，加入1 大匙食用油，放入做法2中所有材料以中火爆香，接者加入鸡胸肉片与所有调料，翻炒均匀即可。

# 西芹炒鱼球

**材料**

| | | | |
|---|---|---|---|
| 西芹 | 300克 | B | |
| 鲜鱼 | 1000克 | 盐 | 1/2小匙 |
| 姜 | 20克 | 胡椒粉 | 1/4小匙 |
| 蒜末 | 1小匙 | 香油 | 1小匙 |
| 胡萝卜片 | 20克 | 蛋清 | 1大匙 |
| 新鲜木耳 | 30克 | 淀粉 | 2小匙 |
| 水 | 50毫升 | | |
| 葱段 | 20克 | | |

**调料**

A

| | |
|---|---|
| 盐 | 1小匙 |
| 糖 | 1/2小匙 |
| 鸡粉 | 1/2小匙 |
| 酒 | 1小匙 |

**做法**

1. 鲜鱼去骨切块，加入调料B 拌匀。
2. 西芹去叶，撕去老筋，洗净切菱形片；姜洗净切片；木耳洗净切小片，备用。
3. 热锅倒入适量油，放入腌好的鱼块煎至金黄、八分熟后盛出。
4. 原锅留油放入姜片、蒜末、葱段、胡萝卜片、西芹片炒香，再放入木耳片、50毫升水和所有调料A，以小火炒2分钟，加入煎过的鱼块，拌炒1 分钟即可。

# 芹菜炒藕丝

**材料**

| | |
|---|---|
| 芹菜段 | 80克 |
| 莲藕 | 120克 |
| 胡萝卜丝 | 30克 |
| 黄甜椒丝 | 20克 |

**调料**

| | |
|---|---|
| 酱油 | 3大匙 |
| 盐 | 1小匙 |
| 糖 | 1小匙 |
| 水 | 150毫升 |
| 香油 | 1大匙 |

**做法**

1. 莲藕洗净切丝，放入滚水中略氽烫。
2. 取锅，加入少许油，加入莲藕丝和所有调料炒香后，再放入芹菜段、胡萝卜丝、黄甜椒丝略拌炒即可。

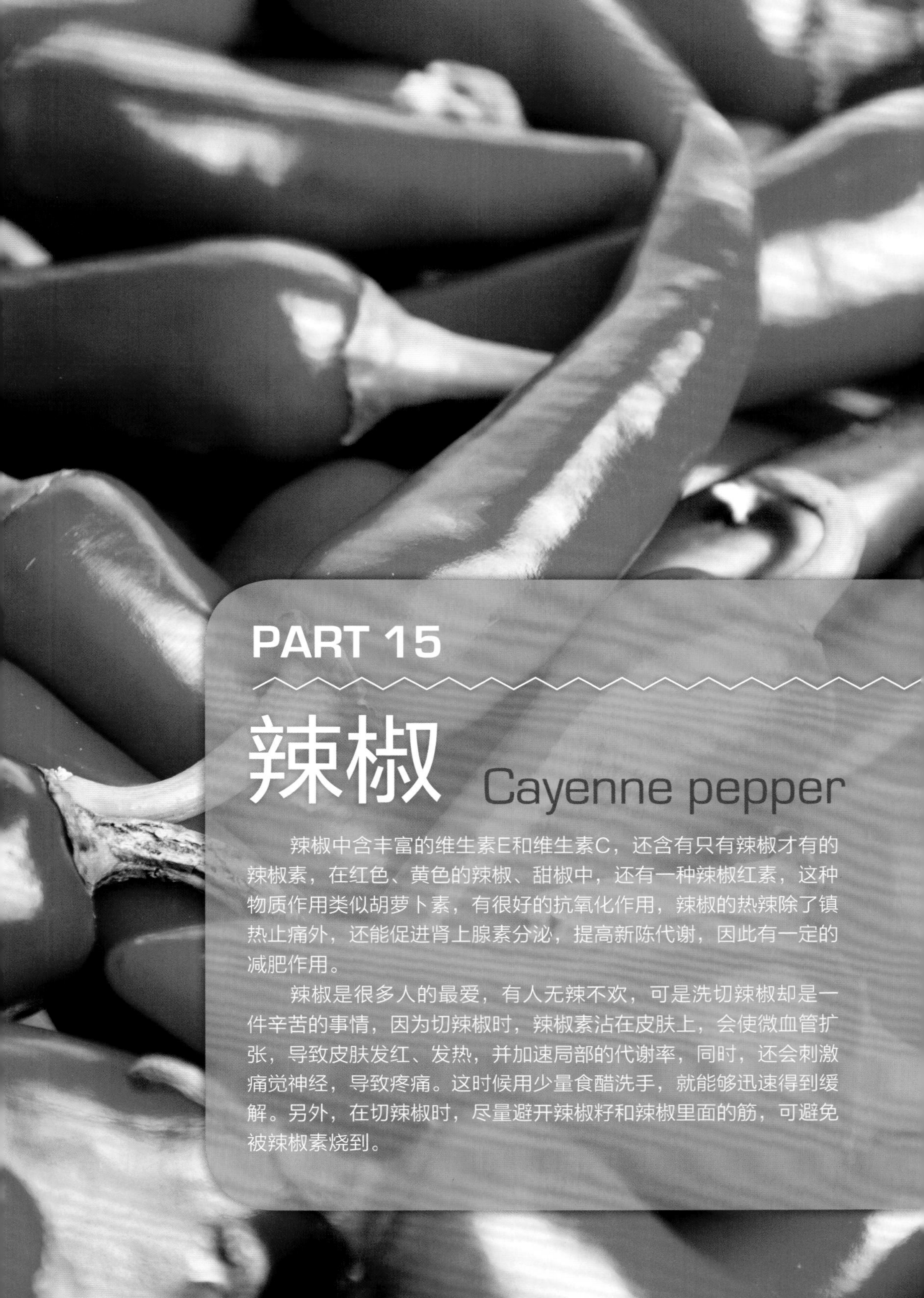

PART 15

# 辣椒 Cayenne pepper

辣椒中含丰富的维生素E和维生素C，还含有只有辣椒才有的辣椒素，在红色、黄色的辣椒、甜椒中，还有一种辣椒红素，这种物质作用类似胡萝卜素，有很好的抗氧化作用，辣椒的热辣除了镇热止痛外，还能促进肾上腺素分泌，提高新陈代谢，因此有一定的减肥作用。

辣椒是很多人的最爱，有人无辣不欢，可是洗切辣椒却是一件辛苦的事情，因为切辣椒时，辣椒素沾在皮肤上，会使微血管扩张，导致皮肤发红、发热，并加速局部的代谢率，同时，还会刺激痛觉神经，导致疼痛。这时候用少量食醋洗手，就能够迅速得到缓解。另外，在切辣椒时，尽量避开辣椒籽和辣椒里面的筋，可避免被辣椒素烧到。

# 青椒炒牛肉

**材料**

| | |
|---|---|
| 青椒片 | 50克 |
| 牛肉片 | 200克 |
| 洋葱片 | 50克 |
| 胡萝卜片 | 30克 |
| 蒜末 | 10克 |

**腌料**

| | |
|---|---|
| 酱油 | 少许 |
| 蛋液 | 少许 |
| 料酒 | 少许 |

**调料**

| | |
|---|---|
| 盐 | 1/4小匙 |
| 鸡粉 | 少许 |
| 料酒 | 1大匙 |
| 水淀粉 | 少许 |
| 水 | 少许 |
| 黑胡椒粉 | 少许 |

**做法**

1. 牛肉片洗净，加入所有腌料拌匀，备用。
2. 热锅，加入2大匙食用油，放入蒜末、洋葱片爆香，再加入腌好的牛肉片拌炒至六分熟，接着放入青椒片、胡萝卜片、所有调料炒至入味即可。

# 青椒炒肉丝

**材料**

青椒　50克
猪肉丝　150克
红辣椒丝　少许

**调料**

盐　1/8小匙
胡椒粉　少许
香油　少许

**腌料**

蛋液　2小匙
盐　1/4小匙
酱油　1/4小匙
料酒　1/2小匙
淀粉　1/2小匙

**做法**

1. 猪肉丝加入所有腌料，同一方向搅拌2分钟拌匀，备用；青椒洗净切丝。
2. 将所有调料拌匀成兑汁备用。
3. 热锅，加入2大匙食用油，放入猪肉丝以大火迅速轻炒至变白，再加入青辣椒丝、红辣椒丝炒1分钟后，一面翻炒一面加入备好的兑汁，以大火快炒至均匀即可。

# 木耳彩椒炒虾仁

**材料**

| | |
|---|---|
| 干银耳 | 15克 |
| 湿黑木耳 | 40克 |
| 虾仁 | 120克 |
| 红椒片 | 50克 |
| 黄椒片 | 50克 |
| 青椒片 | 50克 |
| 姜片 | 10克 |
| 蒜片 | 10克 |

**调料**

| | |
|---|---|
| 盐 | 1/4小匙 |
| 料酒 | 1小匙 |
| 糖 | 1/4小匙 |
| 柴鱼酱油 | 少许 |
| 水 | 3大匙 |

**腌料**

| | |
|---|---|
| 盐 | 少许 |
| 料酒 | 少许 |
| 白胡椒粉 | 少许 |
| 淀粉 | 少许 |

**做法**

1. 干银耳泡软，剪除蒂头撕成小朵，放入滚水氽烫。
2. 虾仁背部划开去虾线，以腌料腌渍15分钟，用滚水氽烫后泡冰水。
3. 另取锅，加入2大匙油，放入姜片、蒜片和黑木耳片爆香后，加入氽烫过的银耳、红椒片、青椒片和黄椒片拌炒后，再加入处理的虾仁和全部调料，拌炒至入味即可。

# 虎皮辣椒

**材料**

| | |
|---|---|
| 青辣椒 | 5个 |
| 红辣椒 | 5个 |
| 蒜末 | 10克 |

**调料**

| | |
|---|---|
| 料酒 | 1大匙 |
| 细砂糖 | 1小匙 |
| 酱油 | 适量 |
| 豆豉 | 适量 |

**做法**

1. 将青辣椒、红辣椒洗净后沥干水分，切去蒂头。
2. 油锅烧热至约180℃，放入青辣椒、红辣椒炸约10秒钟至表面皱起，捞出沥油备用。
3. 将油倒出，锅底留少许油，放入豆豉、蒜末以小火爆香。
4. 再加入酱油、料酒、糖及水，煮开后放入炸好的红辣椒和青辣椒，以小火烧约20秒钟，至水分略收干即可。

# 彩椒炒百合

**材料**

新鲜百合　100克
青椒　150克
黄椒　150克
红椒　150克
姜　10克
葵花籽油　2大匙
热水　100毫升

**调料**

盐　1/4小匙
糖　少许
味精　少许

**做法**

1. 青椒、黄椒、红椒去籽洗净，切片；姜洗净切片，备用。
2. 新鲜百合洗净沥干水分，备用。
3. 热锅倒入葵花籽油，小火爆香姜片，至姜片呈微焦状后取出。
4. 于锅中放入青椒片、黄椒片、红椒片略炒后，再放入百合，加热水以及所有调料，大火快炒1分钟至入味即可。

# PART 16

# 冬瓜&南瓜

## Wax gourd& Pumpkin

冬瓜和南瓜都是食用类的蔬菜，冬瓜性寒，瓜肉及瓤有利尿、清热、化痰、解渴等功效，含有丙醇二酸，所以对防止人体发胖、瘦身美体，具有重要作用。之所以称为冬瓜，是因为瓜熟之际，表面上有一层白粉状的东西，就好像是冬天所结的白霜，也是这个原因，冬瓜又称白瓜。冬瓜热吃味佳，冷吃会使人消瘦，对于糖尿病患者来说，冬瓜是不可多得的美味食材。

南瓜是为数不多的黄色蔬果，富含两种维生素,维生素A和维生素D，维生素A能保护胃肠黏膜，防止胃炎、胃溃疡等疾病发生；维生素D有促进钙、磷两种营养元素吸收的作用，有壮骨强筋的功效，对于儿童佝偻病、青少年近视、中老年骨质疏松症等有很好的辅助作用。

# 咸冬瓜酱炒苦瓜

**材料**

| | |
|---|---|
| 苦瓜 | 200克 |
| 红辣椒 | 50克 |
| 蒜头 | 7瓣 |

**调料**

| | |
|---|---|
| 破布子咸冬瓜酱 | 4大匙 |
| 糖 | 1大匙 |
| 香油 | 1大匙 |

**做法**

1. 苦瓜洗净去籽，切成小块状，用水煮约3分钟捞起，泡入冰水后沥干。
2. 红辣椒、蒜头洗净切末，备用。
3. 锅烧热，加少许油，放入红辣椒末和蒜末炒香，再加入调料及过冰水后的苦瓜块炒匀即可。

**烹饪小秘方**

破布子咸冬瓜酱

材料

破布子150克、咸冬瓜150克、料酒100毫升。

做法

将咸冬瓜以手捏碎，加入破布子和料酒拌匀，再放入电饭锅蒸30分钟即可。

# 百宝冬瓜

**材料**

| | |
|---|---|
| 冬瓜 | 800克 |
| 虾仁 | 60 克 |
| 猪肉丁 | 50 克 |
| 姜末 | 10 克 |
| 蘑菇丁 | 50克 |
| 胡萝卜丁 | 80 克 |
| 高汤 | 50毫升 |

**调料**

| | |
|---|---|
| 盐 | 1/2 小匙 |
| 糖 | 1/2 小匙 |
| 白胡椒粉 | 1/6 小匙 |
| 料酒 | 1 大匙 |
| 香油 | 1 小匙 |

**做法**

1. 冬瓜去皮、去籽后放至容器，再放入电饭锅，外锅加约1杯水，盖上锅盖，按下开关，蒸至开关跳起，放凉备用。
2. 将蒸过的冬瓜硬皮向外，放至碗中，挖去中央的瓜肉备用，剩下的为厚约0.5厘米的薄片冬瓜盅。
3. 将猪肉丁、蘑菇丁、胡萝卜丁及虾仁汆烫，放入姜末，加高汤和所有调料拌匀，放入冬瓜盅内，再填回冬瓜瓜肉。
4. 将填入馅料的冬瓜盅放入电饭锅，外锅加约2杯水，盖上锅盖，按下开关，蒸至开关跳起，取出倒扣至盘中，撒上葱丝（材料外）即可。

# 开阳粉丝炒冬瓜

**材料**

| | |
|---|---|
| 粉丝 | 1把 |
| 冬瓜 | 300克 |
| 虾米 | 20克 |
| 姜丝 | 10克 |
| 葱花 | 5克 |
| 高汤 | 150毫升 |

**调料**

| | |
|---|---|
| 盐 | 1/2匙 |
| 糖 | 1/4匙 |
| 香油 | 1小匙 |

**做法**

1. 冬瓜切丝；烧一锅水，将冬瓜放入锅中汆烫后捞出静置3分钟，让冬瓜软化备用。
2. 粉丝泡水20分钟后沥干；虾米泡水后沥干备用。
3. 热锅，倒入色拉油以小火略炒姜丝及虾米，放入冬瓜丝、高汤、盐、糖。
4. 小火煨煮约2分钟，放入粉丝煮约1分钟至汤汁略收干，淋入香油，撒上葱花即可起锅。

# 咖喱双椒炒南瓜

**材料**

南瓜 200 克
洋葱丁 50 克
红椒丁 30 克
青椒丁 30 克
蒜末 20 克
水 150毫升

**调料**

咖喱粉 1大匙
盐 1/2 小匙
糖 1/2 小匙

**做法**

1. 南瓜削皮去籽，洗净后切成南瓜丁。
2. 取锅，加入食用油，以小火将洋葱丁、蒜末爆香。
3. 续于锅内放入咖喱粉，略为炒香拌匀后，再加入红椒丁、青椒丁、水以及南瓜丁，盖上锅盖，小火焖约3分钟至南瓜熟。
4. 南瓜焖熟后，再加入盐、糖，炒匀后即可。

# 咸蛋炒南瓜

**材料**

咸蛋　2个
南瓜　300克
小葱　50克
低筋面粉　适量

**做法**

1. 咸蛋去壳，充分压碎过筛，备用。
2. 南瓜洗净切成0.2厘米薄片，蘸裹低筋面粉，再将多余的粉料抖除。
3. 小葱洗净，切成葱花备用。
4. 热锅，倒入适量食用油，放入裹上淀粉的南瓜片煎至上色后，取出备用。
5. 原锅中重新倒入适量食用油，放入咸蛋末炒香，再加入葱花炒香，最后加入煎好的南瓜片充分拌炒均匀即可。

# PART 17

# 丝瓜 Towei gourd

丝瓜汁有“美人水”之称，是因为丝瓜中含有的维生素$B_1$可预防皮肤衰老，维生素C能美白肌肤、消除斑点，使皮肤洁白、细嫩。

丝瓜是夏日里清热泻火、凉血解毒的一道佳肴。丝瓜鲜嫩、清香脆甜，不仅营养丰富，而且有一定的药用价值，浑身都是宝。丝瓜中所含干扰素诱生剂，能刺激人体产生干扰素，达到抗病毒、防癌的目的。

长期食用丝瓜或使用丝瓜液擦脸，还能使人皮肤变得光滑、细腻，具有抗皱消炎、防治痤疮及黑色素沉着的特殊功效。

# 金针菇炒丝瓜

**材料**

| | |
|---|---|
| 金针菇 | 100克 |
| 丝瓜 | 250克 |
| 胡萝卜 | 15 克 |
| 虾米 | 10克 |
| 姜末 | 5克 |
| 蒜末 | 5克 |
| 热水 | 50毫升 |

**调料**

| | |
|---|---|
| 盐 | 1/4小匙 |
| 鸡粉 | 少许 |
| 白胡椒粉 | 少许 |
| 香油 | 少许 |

**做法**

1. 丝瓜洗净去皮、切小片；金针菇去根须，洗净切段；虾米泡软；胡萝卜洗净切丝备用。
2. 热锅，放入1/2大匙油，爆香虾米、蒜末、姜末。
3. 续加入胡萝卜丝、丝瓜片、金针菇段、热水，以中火拌炒均匀，盖上锅盖煮1分钟，最后加入所有调料拌炒入味即可。

# 蛤蜊炒丝瓜

**材料**

蛤蜊　80 克
丝瓜　350 克
小葱　20克
姜　10 克

**调料**

盐　1/2 小匙
糖　1/4 小匙

**做法**

1. 丝瓜去皮、去籽切成菱形块，放入油锅中过油，捞起沥干备用。
2. 葱洗净切段；姜洗净切片；蛤蜊泡盐水吐沙，备用。
3. 热锅倒入适量的油，放入葱段、姜片爆香，再加入丝瓜块及蛤蜊以中火拌炒均匀，盖上锅盖焖煮至蛤蜊开口，再加入所有调料拌匀即可。

# 干贝虾仁烩丝瓜

**材料**

| | |
|---|---|
| 干贝 | 10克 |
| 虾仁 | 10克 |
| 丝瓜 | 20克 |
| 姜 | 10克 |
| 蒜头 | 3瓣 |
| 红椒 | 50克 |

**调料**

| | |
|---|---|
| 鸡粉 | 1小匙 |
| 水 | 250毫升 |
| 料酒 | 1大匙 |
| 盐 | 少许 |
| 白胡椒粉 | 少许 |
| 香油 | 1小匙 |

**做法**

1. 先将丝瓜洗净去皮，再切成条状；再将处理好的干贝拨成丝。
2. 将虾仁剖背、去肠泥；姜洗净切丝；蒜仁与红辣椒洗净切片备用。
3. 取炒锅加入1 大匙食用油，放入姜丝、红椒片和蒜片爆香，再加入丝瓜条翻炒均匀。
4. 最后放入处理好的虾仁与干贝丝，烩炒均匀后加入所有调料炒匀即可。

# 脆皮炸丝瓜

**材料**

| | |
|---|---|
| 丝瓜 | 500克 |
| 酥脆粉 | 200克 |
| 水 | 200毫升 |

**调料**

| | |
|---|---|
| 椒盐粉 | 1小匙 |

**做法**

1. 丝瓜以刀刮去表面粗皮，洗净后对剖成4瓣，去籽后切小段备用。
2. 酥脆粉放入碗中加入200毫升水调成浆状，放入丝瓜段均匀蘸裹备用。
3. 热锅， 倒入约500毫升油烧热至约150℃，放入丝瓜以中火炸约3分钟至表面酥脆金黄，捞起沥干油分，盛入盘中，食用时蘸椒盐粉即可。

# 海瓜子炒丝瓜

**材料**

海瓜子　350克
丝瓜　100克
蒜头　2瓣
姜　5克
小葱　10克
罗勒叶　5克

**调料**

蚝油　1大匙
香油　1小匙
鸡粉　1小匙
白胡椒粉　1小匙
盐　1大匙

**做法**

1. 将海瓜子泡入加了1大匙盐的冷水中，腌渍1~2小时吐沙备用。
2. 丝瓜洗净去皮切片；蒜仁和姜洗净切片；小葱洗净切段；罗勒叶洗净沥干备用。
3. 取锅，加入少许油烧热，放入蒜片、姜片、小葱段爆香，加入丝瓜片和罗勒叶以大火翻炒均匀，再加入海瓜子和所有的调料改以小火略翻炒，至海瓜子开口即可。